Dépôt légal : 3ème Trimestre 2017
Imprimé en U.E. (Rép. Tchèque)
ISBN : 978-2-35055-223-1

Neva Éditions
56, Allée des Noisetiers - 74300 Magland
Tél. : 04 50 96 65 81
contact@neva-editions.fr
www.neva-editions.fr

MADDY
ELDÉ

Layettes pour mon bébé au tricot

neva
éditions

Mes remerciements

Merci encore à toute l'équipe des Éditions NEVA pour leur confiance,
ainsi qu'à la société BERGÈRE DE France pour les fils et les accessoires.

Nous tenons aussi à remercier, les parents de Léon, Carmen & Johan LEGON,
et les parents de Marylou, Charlotte & Gilles RIDET, pour avoir acceptés
de nous laisser prendre en photos leurs bébés pour illustrer le livre.

Matériel

LISTE DES FOURNITURES :

- des pelotes de laine de différentes matières, grosseurs et coloris
- des aiguilles de différentes tailles
- des crochets de différentes tailles
- une aiguille à laine
- une paire de ciseaux
- une fermeture séparable
- des boutons de différentes tailles
- des pressions transparentes Ø 7 mm
- une aiguille à torsades
- des anneaux marqueurs
- une forme à pompons de différents diamètres
- du ruban (1 mètre)
- du fil élastique

BERGERE DE FRANCE

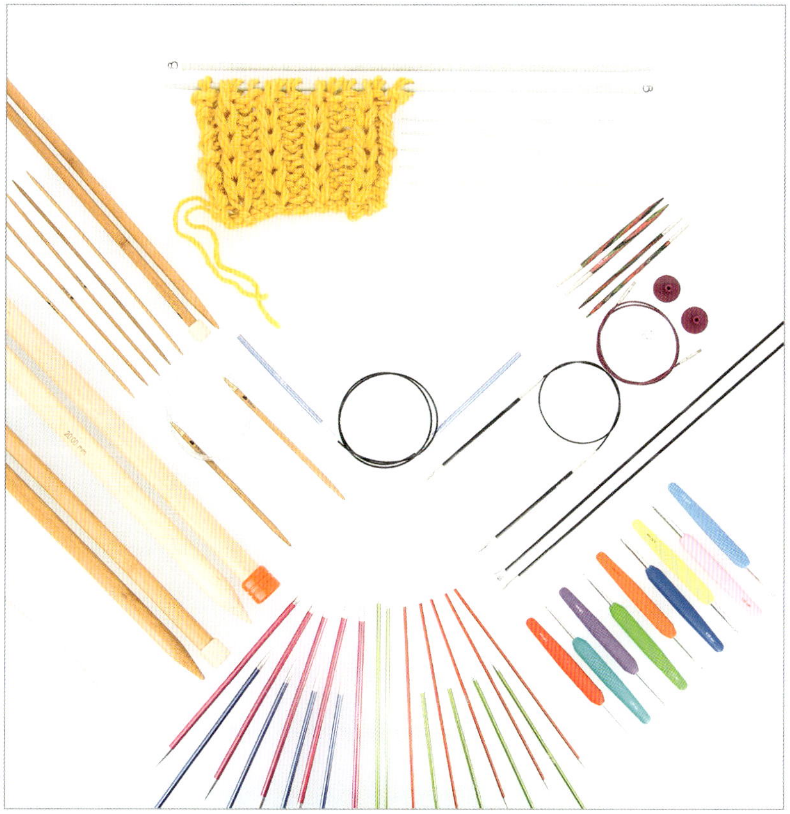

Sommaire

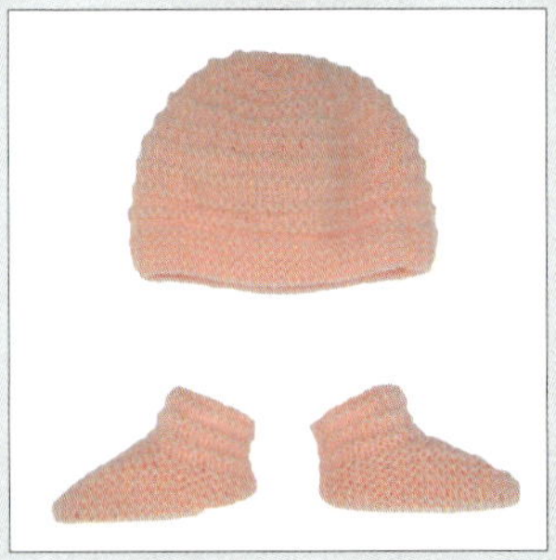

Lexique

LES FINITIONS

Fermez les m. en attente d'une épaule en chaînette sur l'envers :

Placez le dos et le devant endroit contre endroit. Avec une 3e aiguille, tricotez ensemble à l'endroit la 1ère m. de l'aiguille du devant avec la 1ère m. de l'aiguille du dos, répétez cette opération avec la 2e m. de chaque aiguille. On obtient 2 m. sur l'aiguille droite, rabattez la 1ère m. de ces 2 m. sur la seconde. Continuez ainsi jusqu'à ce que toutes les m. de l'épaule soient rabattues.

La couture au point de mailles :

Lorsque la bordure est terminée, tricotez quelques rangs en jersey dans un coloris différent. Enlevez l'aiguille et repassez la partie en jersey pour que les mailles ne se détricotent pas. Épinglez la bordure sur le tricot en répartissant les mailles bien régulièrement. Détricotez les rangs de jersey en laissant le dernier. Détricotez le dernier rang au fur et à mesure que vous cousez sur l'endroit de l'ouvrage. Piquez de l'envers vers l'endroit de l'ouvrage au centre de la 2e m., piquez en arrière dans la 1ère m. et ressortez sur l'endroit de l'ouvrage au centre de la 3e m., piquez en arrière dans la 2e m. Continuez ainsi cette couture à points arrière jusqu'à la dernière m.

Le grafting :

Enfilez avec une aiguille à canevas un fil de la couleur du tricot. Travaillez sur l'endroit, piquez au centre de la 1ère m. et ressortez au centre de la 2e m. Répétez cette opération dans l'autre partie de tricot. Reprenez de cette manière une par une toutes les m. libérées. On forme ainsi un rang de m. qui unira les 2 parties de tricot.

La cordelière :

Coupez une longueur de fil égale à au moins 5 fois la longueur désirée pour la cordelière. Pliez le fil en 2 et nouez les extrémités ensemble. Accrochez l'extrémité nouée à un point fixe et glissez une aiguille dans la boucle à l'autre extrémité. Tendez le fil et tordez très serré en faisant tourner l'aiguille. Pliez en 2 la corde tordue en la tendant fermement. Détachez l'extrémité, nouez solidement et laissez la cordelière se tordre sur elle-même.

Les franges :

Découpez un carton plus haut de 2 cm que la longueur prévue pour les franges. Enroulez ensuite la laine autour du carton, puis glissez les ciseaux entre les fils et le carton et coupez tous les fils à la base de celui-ci. Vous obtenez des brins de longueurs identiques.
Piquez le crochet dans la première m. du tricot de l'envers vers l'endroit. Placez 2 ou 3 brins pliés en 2 sur le crochet et tirez les sur l'envers à travers la m. de manière à former une boucle. Passez l'extrémité des brins restés à travers cette boucle puis tirez fermement. Formez les autres franges de la même manière en les espaçant d'une à 3 m. Terminez en les égalisant.

LES POINTS SIMPLES

Le jeté :
Lancez le fil sur l'aiguille droite afin de former 1 maille.

Le surjet simple :
Glissez une maille à l'endroit, tricotez la m. suivante à l'endroit. Rabattez la m. glissée sur la m. tricotée.

Le surjet double :
Glissez une maille à l'endroit, tricotez ensemble les 2 m. suivantes à l'endroit. Rabattez la m. glissée sur la dernière m. obtenue.

Double diminution :
Glissez 2 m. en les prenant comme pour les tricoter ensemble endroit, tricotez 1 m. endroit et rabattez les 2 m. glissées sur la m. tricotée.

Maille glissée :
1er rang (endroit du travail) : Glissez la m. de l'aiguille gauche sur l'aiguille droite sans la tricoter et en la prenant comme pour la tricoter à l'envers.
2e rang : Tricotez la m. à l'envers.
Répétez ces 2 rangs.

Jersey endroit :
1er rang (endroit du travail) : Tricotez toutes les m. à l'endroit.
2e rang : Tricotez toutes les m. à l'envers.
Répétez ces 2 rangs.

Point mousse :
1er rang (endroit du travail) et tous les rangs : Tricotez toutes les m. à l'endroit.

Point de blé :
Sur un nombre de m. impair.
1er rang (endroit du travail) : 1 m. endroit, * 1 m. envers, 1 m. endroit *, répétez de * à *.
2e rang et 4e rang : Tricotez les m. comme elles se présentent.
3e rang : 1 m. envers, * 1 m. endroit, 1 m. envers *, répétez de * à *.
Répétez ces 4 rangs.

Point de godron :
1er rang (endroit du travail) : Tricotez toutes les m. à l'endroit.
2e rang : Tricotez toutes les m. à l'envers.
3e rang : Tricotez toutes les m. à l'envers.
4e rang : Tricotez toutes les m. à l'endroit.
Répétez ces 4 rangs.

Point de riz :
Sur un nombre de m. impair.
1er rang (endroit du travail) : 1 m. endroit, * 1 m. envers, 1 m. endroit *, répétez de * à *.
Répétez toujours ce rang.

Lexique

LES POINTS FANTAISIE

Torsade A :

Sur 4 m.

1er rang (endroit du travail) : 2 m. croisées à droite (= tricotez la 2e m. de l'aiguille gauche à l'endroit par devant, puis tricotez la 1ère m. à l'endroit normalement et lâchez les 2 m. ensemble), 2 m. croisées à gauche (= tricotez la 2e m. de l'aiguille gauche à l'endroit par derrière, puis tricotez la 1ère m. à l'endroit normalement et lâchez les 2 m. ensemble)

2e et tous les rangs pairs : 4 m. envers.

3e rang : 2 m. croisées à gauche, 2 m. croisées à droite.

5e rang : Reprenez au 1er rang.

Torsade B :

Sur 8 mailles.

1er rang (endroit du travail)-5e et 7e rangs : 8 m. endroit.

2e-4e-6e-8e rangs : 8 m. envers.

3e rang : 4 m croisées à droite (= glissez 2 m. sur 1 aiguille à torsades derrière le travail, tricotez les 2 m. suivantes à l'endroit, puis les 2 m de l'aiguille à torsades à l'endroit), 4 m. croisées à gauche (= glissez 2 m. sur l'aiguille à torsades devant le travail, tricotez les 2 m. suivantes à l'endroit, puis les 2 m. de l'aiguille à torsades à l'endroit).

9e rang : Reprenez au 3e rang.

Torsade C :

Sur 8 mailles (uniquement pour les moufles).

1er (endroit du travail) et 5e rangs : 2 m. envers, 4 m. endroit, 2 m. envers.

2e-4e et 6e rangs : 2 m. endroit, 4 m. envers, 2 m. endroit.

3e rang : 2 m. envers, 4 m. croisées à gauche (= glissez 2 m. sur l'aiguille à torsades devant le travail, tricotez les 2 m. suivantes à l'endroit, puis les 2 m. de l'aiguille à torsades à l'endroit), 2 m. envers.

7e rang : Reprenez au 3e rang.

Point ajouré A :

Sur un nombre de mailles multiple de 8 + 1.

1er rang (endroit du travail) et 3e rang : 1 m. endroit, * 1 jeté, 1 m. endroit, 1 surjet simple, 1 m. endroit, 2 m. ensemble endroit, 1 m. endroit, 1 jeté, 1 m. endroit *, répétez de * à *.

2e et 4e rangs : envers.

Point ajouré B :

Sur un nombre de mailles multiple de 8 + 1.

1er rang (endroit du travail) : 3 m. endroit, * 1 jeté, 1 double diminution, 1 jeté, 5 m. endroit *, répétez de * à *, mais terminez par 3 m. endroit au lieu de 5.

2e-4e et 6e rangs : envers.

3e rang : 2 m. endroit, * 1 jeté, 1 surjet simple, 1 m. endroit, 2 m. ensemble endroit, 1 jeté, 3 m. endroit *, répéter de * à *, mais terminez par 2 m. endroit au lieu de 3.

5e rang : Reprenez au 1er rang.

Point ajouré C :

Sur un nombre de mailles multiple de 7 + 3.

1er rang (endroit du travail) : 4 m. endroit, * 1 jeté, 1 double diminution, 1 jeté, 4 m. endroit *, répétez de * à *.

2e rang : endroit

3e rang : Reprenez au 1er rang.

Point ajouré D :

Sur un nombre de mailles impair.

1er rang (endroit du travail) et 2e rang : endroit.

3e rang : 1 m. endroit, * 2 m. ensemble endroit, 1 jeté *, répétez de * à *, terminez par 2 m. endroit.

4e rang : endroit.

LES POINTS FANTAISIE

Jersey endroit double :

Sur un nombre de mailles pair.

1er rang (endroit du travail) et tous les autres rangs : * 1 m. endroit, passez le fil devant le travail, 1 m. glissée en prenant la m. comme pour la tricoter à l'envers, passez le fil derrière le travail *, répétez de * à *.

Point d'alvéoles :

Sur 16 mailles.

1er rang (endroit du travail)-5e et 9e rangs : 16 m. endroit.

2e-4e-6e-8e et 10e rangs : 16 m. envers.

3e rang : * 4 m. croisées à droite (= glissez 2 m. sur 1 aiguille à torsades derrière le travail, tricotez les 2 m. suivantes à l'endroit, puis les 2 m de l'aiguille à torsades à l'endroit), 4 m. croisées à gauche (= glissez 2 m. sur l'aiguille à torsades devant le travail, tricotez les 2 m. suivantes à l'endroit, puis les 2 m. de l'aiguille à torsades à l'endroit) *, tricotez 2 fois de * à *.

7e rang : * 4 m. croisées à gauche, 4 m. croisées à droite *, tricotez 2 fois de * à *.

11e rang : Reprenez au 3e rang.

Point de sable :

Sur un nombre de mailles impair.

1er rang (endroit du travail) : 1 m. endroit torse, * 1 m. envers, 1 m. endroit torse *, répétez de * à *.

2e rang : endroit

3e rang : Reprenez au 1er rang.

Point d'astrakan :

Sur un nombre de mailles multiple de 4 + 1.

1er rang (endroit du travail) et 3e rang : envers.

2e rang : 1 m. envers, * 3 m. ensemble envers, tricotez 3 m. dans la m. suivante (tricotez cette m. à l'endroit, sans lâcher la m. de l'aiguille. gauche, tricotez encore 1 fois la m. à l'envers et 1 fois à l'endroit, laissez tomber la m. de l'aiguille gauche) *, répétez de * à *, terminez par 1 m. envers.

4e rang : 1 m. envers, * tricoter 3 m. dans la m. suivante, 3 m. ensemble envers *, répéter de * à *, terminer par 1 m. envers.

5e rang : Reprendre au 1er rang.

LES POINTS DE CÔTES

Côtes 1/1 :

Sur un nombre de mailles impair.

1er rang (endroit du travail) : 1 m. endroit, * 1 m. envers, 1 m. endroit *, répétez de * à *.

2e rang et tous les rangs suivants : Tricotez les m. comme elles se présentent.

Côtes 2/2 :

Sur un nombre de mailles divisible par 4 + 2.

1er rang (endroit du travail) : 2 m. endroit, * 2 m. envers, 2 m. endroit *, répétez de * à *.

2e rang et tous les rangs suivants : Tricotez les m. comme elles se présentent.

Côtes 1/1 TORSES :

Sur un nombre de mailles impair.

1er rang (endroit du travail) : 1 m. endroit torse (= tricotez 1 m. endroit en prenant le brin arrière de la maille afin de la tordre), * 1 m. envers, 1 m. endroit torse *, répéter de * à *.

2e rang : 1 m. envers torse (= tricotez une m. envers en prenant le brin arrière de la m.), * 1 m. endroit, 1 m. envers torse *, répéter de * à *.

Répétez ces 2 rangs.

Brassière

Thème Trousseau Écru *(Taille 1, 3, 6 mois)*

FOURNITURES

- 2 pelotes de laine Bergère de France MÉRINOS 2,5 Écru Bébé
- 1 paire d'aiguilles n° 2,5
- 2 pressions transparentes Ø 7 mm
- 1 aiguille à laine

POINTS EMPLOYÉS

- Point mousse
- Torsade **A**
- Côtes 2/2

ÉCHANTILLONS

Important : Tricotez avec des aiguilles plus fines si vous obtenez moins de m. et de rangs que ces échantillons. Tricotez avec des aiguilles plus grosses dans le cas contraire.
10 cm en jersey endroit aiguilles n° 2,5 = 31 m. et 42 rangs.
10 cm au point mousse et torsade **A** aiguilles n° 2,5 = 34 m. et 51 rangs.

RÉALISATION

DEVANT :

Montez 80-86-92 m. Tricotez 2 rangs point mousse. Continuez en tricotant 8-9-10 m. point mousse, * 4 m. torsade **A** (voir lexique), 11-12-13 m. point mousse *, tricotez 4 fois de *à*, 4 m. torsade **A**, 8-9-10 m. point mousse.
À 12-13-15 cm (62-68-78 rangs) de hauteur totale, laissez les m. en attente.

DOS GAUCHE :

Montez 45-48-51 m. Tricotez 2 rangs point mousse. Continuez en tricotant 18-19-20 m. point mousse, 4 m. torsade **A**, 11-12-13 m. point mousse, 4 m. torsade **A**, 8-9-10 m. point mousse.
À 12-13-15 cm (62-68-78 rangs) de hauteur totale, laissez les m. en attente.

DOS DROIT :

Montez 45-48-51 m. Tricotez 2 rangs point mousse. Continuez en tricotant 8-9-10 m. point mousse, 4 m. torsade **A**, 11-12-13 m. point mousse, 4 m. torsade **A**, 18-19-20 m. point mousse.
À 12-13-15 cm (62-68-78 rangs) de hauteur totale, laissez les m. en attente.

MANCHES :

Montez 47-49-52 m. Tricotez 2 rangs point mousse. Continuez en tricotant 14-14-15 m. point mousse, 4 m. torsade **A**, 11-13-14 m. point mousse, 4 m. torsade **A**, 14-14-15 m. point mousse en augmentant de chaque côté à 1 m. du bord :
1 mois : 6 fois 1 m. tous les 8 rangs.
3 mois : 9 fois 1 m. tous les 6 rangs.
6 mois : 11 fois 1 m. tous les 6 rangs.
Les augmentations se tricotent alternativement torsade (lorsque le nombre de m. est suffisant) et point mousse (tricotez toujours 11-13-14 m. point mousse entre chaque torsade).
À 11-12-14 cm (58-64-74) rangs de hauteur totale, laissez les 59-67-74 m. (= 5-6-8 m. point mousse, * 4 m. torsade **A**, 11-13-14 m. point mousse *, tricotez 3 fois de *à*, 4 m. torsade **A**, 5-6-8 m. point mousse) obtenues en attente.

EMPIÈCEMENT :

1 mois : Reprenez sur une même aiguille les 45 m. du dos gauche, les 59 m. de la manche gauche, les 80 m. du devant, les 59 m. de la manche droite, les 45 m. du dos droit (= 288 m.).
Tricotez le 1er rang dans les différents points en tricotant 2 m. ensemble endroit au début et à la fin de chaque partie sauf au début et à la fin du rang (=8 diminutions).
Tricotez 1 rang sur les 280 m. restantes.
Au rang suivant, tricotez 16 m. endroit, 2 m. ensemble endroit, puis tricotez ensemble endroit les 2 m. qui suivent chaque torsade (= 18 diminutions).
Tricotez 5 rangs sur les 262 m. restantes.
Au rang suivant, tricotez 15 m. endroit, 2 m. ensemble endroit, puis tricotez ensemble endroit les 2 m. qui suivent chaque torsade (= 18 diminutions).
Répétez ces diminutions les unes au dessus des autres encore 7 fois tous les 6 rangs en tricotant à chaque fois 1 m. de moins au début et à la fin du rang et 1 m. de moins entre chaque torsade.
Après le dernier rang de diminutions, tricotez 1 rang endroit (sur l'envers du travail) sur les 118 m. restantes.
Au rang suivant, tricotez 13 m. endroit, * 2 m. ensemble endroit, 4 m. endroit *, tricotez 15 fois de *à*, 2 m. ensemble endroit, 13 m. endroit.
Au rang suivant, tricotez 100 m. endroit en rabattant les m. au fur et à mesure.

3 mois : Reprenez sur une même aiguille les 48 m. du dos gauche, les 67 m. de la manche gauche, les 86 m. du devant, les 67 m. de la manche droite, les 48 m. du dos droit (= 316 m.).
Tricotez le 1er rang dans les différents points en tricotant 2 m. ensemble endroit au début et à la fin de chaque partie sauf au début et à la fin du rang (= 8 diminutions).
Tricotez 1 rang sur les 308 m. restantes.
Au rang suivant, tricotez 17 m. endroit, 2 m. ensemble endroit, puis tricotez ensemble endroit les 2 m. qui suivent chaque torsade (= 18 diminutions).
Tricotez 5 rangs sur les 290 m. restantes.
Au rang suivant, tricotez 16 m. endroit, 2 m. ensemble

endroit, puis tricotez ensemble endroit les 2 m. qui suivent chaque torsade (= 18 diminutions).
Répétez ces diminutions les unes au dessus des autres encore 7 fois tous les 6 rangs, 2 fois tous les 4 rangs en tricotant à chaque fois 1 m. de moins au début et à la fin du rang et 1 m. de moins entre chaque torsade.
Après le dernier rang de diminutions, tricotez 1 rang endroit (sur l'envers du travail) sur les 110 m. restantes.
Au rang suivant, tricotez 21 m. endroit, * 2 m. ensemble endroit, 20 m. endroit *, tricotez 3 fois de *à*, 2 m. ensemble endroit, 21 m. endroit.
Au rang suivant, tricotez 106 m. endroit en rabattant les m. au fur et à mesure.

6 mois : Reprenez sur une même aiguille les 51 m. du dos gauche, les 74 m. de la manche gauche, les 92 m. du devant, les 74 m. de la manche droite, les 51 m. du dos droit (= 342 m.).
Tricotez le 1er rang dans les différents points en tricotant 2 m. ensemble endroit au début et à la fin de chaque partie sauf au début et à la fin du rang (= 8 diminutions).
Tricotez 1 rang sur les 334 m. restantes.
Au rang suivant, tricotez 18 m. endroit, 2 m. ensemble endroit, puis tricotez ensemble endroit les 2 m. qui suivent chaque torsade (= 18 diminutions).
Tricotez 5 rangs sur les 316 m. restantes.
Au rang suivant, tricotez 17 m. endroit, 2 m. ensemble endroit, puis tricotez ensemble endroit les 2 m. qui suivent chaque torsade (= 18 diminutions).
Répétez ces diminutions les unes au dessus des autres encore 7 fois tous les 6 rangs, 3 fois tous les 4 rangs en tricotant à chaque fois 1 m. de moins au début et à la fin du rang et 1 m. de moins entre chaque torsade.
Après le dernier rang de diminutions, tricotez 1 rang endroit (sur l'envers du travail) sur les 118 m. restantes.
Au rang suivant, tricotez 9 m. endroit, * 2 m. ensemble endroit, 12 m. endroit *, tricotez 8 fois de *à*, mais terminez par 9 m. endroit au lieu de 12.
Au rang suivant, tricotez 110 m. endroit en rabattant les m. au fur et à mesure.

FINITIONS : Faîtes les coutures des côtés et des manches de la brassière. Cousez les pressions au dos.

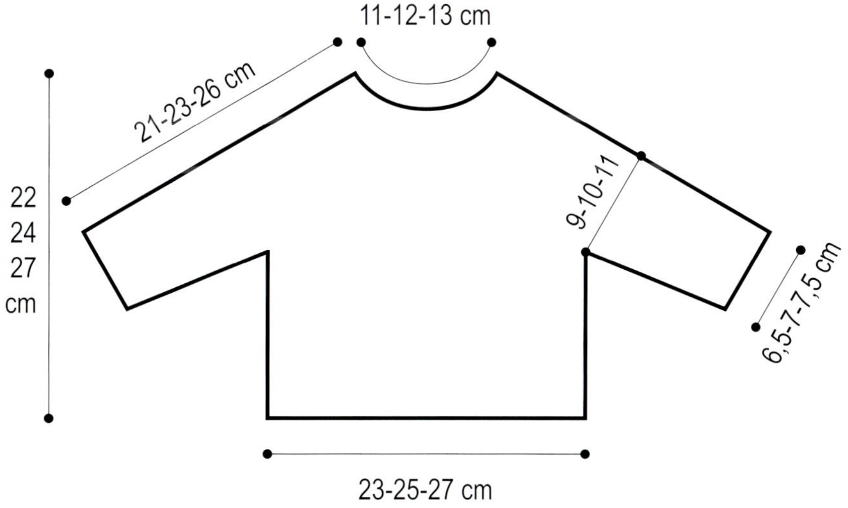

Bonnet & Chaussons

Thème Trousseau Écru *(Taille 1, 3, 6 mois)*

FOURNITURES

- 1 pelotes de laine Bergère de France MÉRINOS 2,5 Écru Bébé
- 1 paire d'aiguilles n° 2,5
- 1 aiguille à laine

POINTS EMPLOYÉS

- Point mousse
- Torsade **A**
- Côtes 2/2

ÉCHANTILLONS

Important : Tricotez avec des aiguilles plus fines si vous obtenez moins de m. et de rangs que ces échantillons. Tricotez avec des aiguilles plus grosses dans le cas contraire.
10 cm en jersey endroit aiguilles n° 2,5 = 31 m. et 42 rangs.
10 cm au point mousse et torsade **A** aiguilles n° 2,5 = 34 m. et 51 rangs.

RÉALISATION DU BONNET

Montez 110-120-130 m. Tricotez 2 rangs point mousse. Continuez en tricotant 3 m. point mousse, * 4 m. torsade **A** (voir lexique), 6 m. point mousse *, tricotez 10-11-12 fois de *à*, 4 m. torsade **A**, 3 m. point mousse.
À environ 7-8-9 cm (36-42-46 rangs) de hauteur totale, répartissez 10-11-12 diminutions en tricotant : 3 m. endroit, * 4 m. torsade A, 2 m. endroit, 2 m. ensemble endroit, 2 m. endroit *, tricoter 10-11-12 fois de *à*, 4 m. torsade A, 3 m. endroit.
Tricotez 5 rangs sur les 100-109-118 m. restantes.
Au rang suivant, tricotez 3 m. endroit, * 4 m. torsade **A**, 2 m. endroit, 2 m. ensemble endroit, 1 m. endroit *, tricotez 10-11-12 fois de *à*, 4 m. torsade **A**, 3 m. endroit.
Tricotez 5 rangs sur les 90-98-106 m. restantes.
Au rang suivant, tricotez 3 m. endroit, * 4 m. torsade **A**, 2 m. endroit, 2 m. ensemble endroit *, tricotez 10-11-12 fois de *à*, 4 m. torsade **A**, 3 m. endroit.
Tricotez 5 rangs sur les 80-87-94 m. restantes.
Au rang suivant, répartissez 12-13-14 diminutions en tricotant 1 m. endroit, 2 m. ensemble endroit, * 4 m. torsade **A**, 1 m. endroit, 2 m. ensemble endroit *, tricotez 10-11-12 fois de *à*, 4 m. torsade **A**, 2 m. ensemble endroit, 1 m. endroit.
Tricotez 3-5-5 rangs sur les 68-74-80 m. restantes.
Au rang suivant, tricotez 2 m. ensemble endroit, * 4 m. torsade A, 2 m. ensemble endroit *, tricotez 10-11-12 fois de *à*, 4 m. torsade **A**, 2 m. ensemble endroit.

1 mois : Au rang suivant, tricotez 56 m. endroit, puis 2 rangs point mousse.
Au rang suivant, tricotez 28 fois 2 m. ensemble endroit.
Au rang suivant, tricotez 28 m. endroit.
Au rang suivant, tricotez 14 fois 2 m. ensemble endroit.
Au rang suivant, tricotez 14 m. endroit, coupez le fil, le passer dans les 14 m. restantes, serrez et arrêtez. Faîtes la couture.

3 mois : Tricotez 3 rangs sur les 61 m. restantes.
Au rang suivant, tricotez 1 m. endroit, * 2 m. ensemble endroit, 2 m endroit *, tricotez 15 fois de *à*.
Tricotez 1 rang endroit sur les 46 m. restantes.
Au rang suivant, tricotez 1 m. endroit, * 2 m. ensemble endroit, 1 m endroit *, tricotez 15 fois de *à*.
Tricotez 1 rang endroit sur les 31 m. restantes.
Au rang suivant, tricotez 1 m. endroit, 15 fois 2 m. ensemble endroit.
Tricotez 1 rang endroit sur les 16 m. restantes, coupez le fil, le passer dans les m. restantes, serrez et arrêtez. Faîtes la couture.

6 mois : Tricotez 3 rangs sur les 66 m. restantes.
Au rang suivant, tricotez 2 m. endroit, * 2 m. ensemble endroit, 2 m endroit *, tricotez 16 fois de *à*.
Tricotez 3 rangs point mousse sur les 50 m. restantes.
Au rang suivant, tricotez 2 m. endroit, * 2 m. ensemble endroit, 1 m endroit *, tricotez 16 fois de *à*.
Tricotez 3 rangs point mousse sur les 34 m. restantes.
Au rang suivant, tricotez 17 fois 2 m. ensemble endroit.
Tricotez 1 rang endroit sur les 17 m. restantes.
Au rang suivant, tricotez 1 m. endroit, 8 fois 2 m. ensemble endroit.
Tricotez 1 rang endroit sur les 9 m. restantes, coupez le fil, le passer dans les m. restantes, serrez et arrêtez. Faîtes la couture.

RÉALISATION DES CHAUSSONS

Se commence par le haut.
Montez 42-46-50 m. Tricoter 6-7-8 cm (26-30-34 rangs) côtes 2/2, puis laissez en attente 14-16-17 m. de chaque côté, tricotez 16-20-24 rangs sur les 14-14-16 m. centrales pour le dessus de pied comme suit : 2-2-3 m. point mousse, 4 m. torsade **A**, 2 m. point mousse, 4 m. torsade **A**, 2-2-3 m. point mousse et laissez en attente.
Reprenez les 14-16-17 m. laissées en attente à droite, relevez 9-10-11 m. le long du bord droit du dessus de pied, reprenez les 14-14-16 m. laissées en attente, relevez 9-10-11 m. le long du bord gauche du dessus de pied, reprenez les 14-16-17 m. laissées en attente à gauche (= 60-66-72 m.).
Tricotez 10-12-16 rangs point mousse, puis laissez en attente de chaque côté : 24-27-29 m.
Continuez point mousse sur les 12-12-14 m. centrales pour la semelle en tricotant à chaque fin de rang la dernière des 12-12-14 m. avec la première des m. en attente de chaque côté jusqu'à ce qu'il ne reste plus que 6-6-7 m.
Fermez en grafting (voir lexique) les 12-12-14 m. de la semelle avec les m. en attente.
Faîtes la couture arrière du chausson en prévoyant un revers de 3-3,5-4 cm.
Réalisez un second chausson semblable.

Brassière

Thème Trousseau Rose *(Taille 1, 3, 6 mois)*

FOURNITURES

- 2-2-3 pelotes de laine Bergère de France BARISIENNE Rêverie
- 1 paire d'aiguilles n° 3
- 1 paire d'aiguilles n° 3,5
- 2 pressions transparentes de Ø 7 mm
- 1 aiguille à laine

POINTS EMPLOYÉS

- Point mousse
- Jersey endroit

ÉCHANTILLON

Important : Tricotez avec des aiguilles plus fines si vous obtenez moins de m. et de rangs que cet échantillon. Tricotez avec des aiguilles plus grosses dans le cas contraire.
10 cm jersey endroit avec les aiguilles n°3,5 = 22 m. et 30 rangs.

RÉALISATION

La brassière se tricote dans le sens de la largeur et est commencée par le demi-dos droit.

DEMI-DOS DROIT :

Montez 50-55-62 m. avec les aiguilles n°3,5.
Tricotez 2 cm (8 rangs) point mousse. Continuez en rangs raccourcis :
*Tricotez 37-41-46 m. endroit.
Tournez le travail, faîtes 1 jeté, tricotez 37-41-46 m. envers.
Tournez le travail, tricotez 46-51-58 m. endroit en tricotant ensemble endroit le jeté avec la m. suivante.
Tournez le travail, faîtes 1 jeté, tricotez 18-20-23 m. endroit, 28-31-35 m. envers.
Tournez le travail, tricotez 50-55-62 m. endroit en tricotant ensemble endroit le jeté avec la m. suivante.
Tournez le travail, tricotez 50-55-62 m. endroit.*
Tricotez 5-5-6 fois de * à *.
Tricotez 37-41-46 m. endroit.
Tournez le travail, faîtes 1 jeté, tricotez 37-41-46 m. envers.
Tournez le travail, tricotez 46-51-58 m. endroit.
Tournez le travail, faîtes 1 jeté, tricotez 18-20-23 m. endroit. Laissez en attente les 28-31-35 m. suivantes (elles seront reprises pour le devant).
Le demi-dos droit est terminé. On obtient 12-12-14 cm de long en bas du demi-dos droit.

MANCHE DROITE :

À la suite des 18-20-23 m. endroit, montez 25-28-31 nouvelles m.
Tricotez 47-52-58 m. endroit en tricotant ensemble endroit le jeté avec la m. suivante.
Tournez le travail, tricotez 47-52-58 m. endroit. Continuez en rangs raccourcis.
*Tricotez 34-38-42 m. endroit.
Tournez le travail, faîtes 1 jeté, tricotez 30-34-38 m. envers, 4 m. endroit.
Tournez le travail, tricotez 43-48-54 m. endroit en tricotant ensemble endroit le jeté avec la m. suivante.
Tournez le travail, faîtes 1 jeté, tricotez 18-20-23 m. endroit, 21-24-27 m. envers, 4 m. endroit.
Tournez le travail, tricotez 47-52-58 m. endroit en tricotant ensemble endroit le jeté avec la m. suivante.
Tournez le travail, tricotez 47-52-58 m. endroit.*
Tricotez 8-9-10 fois de * à *.
Tournez le travail, tricotez 34-38-42 m. endroit.
Tournez le travail, faîtes 1 jeté, tricotez 30-34-38 m. envers, 4 m. endroit.
Tournez le travail, rabattez 25-28-31 m. (en les tricotant endroit).
La manche droite est terminée. On obtient 16-18-20 cm de long pour la partie la plus large de la manche.

DEVANT :

À la suite des m. rabattues de la manche, tricotez 18-20-23 m. endroit.
Tournez le travail, faîtes 1 jeté, tricotez 18-20-23 m. endroit, reprenez sur l'aiguille vide les 28-31-35 m. laissées en attente au demi-dos droit et tricotez ces m. à l'envers.
Tricotez 50-55-62 m. endroit en tricotant ensemble endroit le jeté avec la m. suivante.
Tournez le travail, tricotez 50-55-62 m. endroit. Continuez en rangs raccourcis comme suit :
*Tricotez 37-41-46 m. endroit.
Tournez le travail, faîtes 1 jeté, tricotez 37-41-46 m. envers.
Tournez le travail, tricotez 46-51-58 m. endroit en tricotant ensemble endroit le jeté avec la m. suivante.
Tournez le travail, faîtes 1 jeté, tricotez 18-20-23 m. endroit, 28-31-35 m. envers.
Tournez le travail, tricotez 50-55-62 m. endroit en tricotant ensemble endroit le jeté avec la m. suivante.
Tournez le travail, tricotez 50-55-62 m. endroit.*
Tricotez 11-12-13 fois de * à *.
Tricotez 37-41-46 m. endroit.
Tournez le travail, faîtes 1 jeté, tricotez 37-41-46 m. envers.
Tournez le travail, tricotez 46-51-58 m. endroit.
Tournez le travail, faîtes 1 jeté, tricotez 18-20-23 m. endroit. Laissez en attente les 28-32-35 m. suivantes (elles seront reprises pour le demi-dos gauche).
Le devant est terminé. On obtient 22-24-26 cm de long en bas du devant.

Manche gauche :
Tricotez comme la manche droite.

Demi-dos gauche :
Tournez le travail, faîtes 1 jeté, tricotez 18-20-23 m. endroit, reprenez sur l'aiguille vide les 28-31-35 m. laissées en attente au devant et tricotez ces m. à l'envers.
Tricotez 50-55-62 m. endroit en tricotant ensemble endroit le jeté avec la m. suivante.
Tournez le travail, tricotez 50-55-62 m. endroit. Continuez en rangs raccourcis comme suit :
*Tricotez 37-41-46 m. endroit.
Tournez le travail, faîtes 1 jeté, tricotez 37-41-46 m. envers.
Tournez le travail, tricotez 46-51-58 m. endroit en tricotant ensemble endroit le jeté avec la m. suivante.
Tournez le travail, faîtes 1 jeté, tricotez 18-20-23 m. endroit, 28-31-35 m. envers.
Tournez le travail, tricotez 50-55-62 m. endroit en tricotant ensemble endroit le jeté avec la m. suivante.
Tournez le travail, tricotez 50-55-62 m. endroit.*
Tricotez 5-6-6 fois de * à *.
Tricotez 7 rangs point mousse sur les 50-55-62 m.
Rabattez les m. au rang suivant.
Le demi-dos gauche est terminé. On obtient 11-13-13 cm de long en bas du demi-dos gauche.

Finitions :
Cousez les manches.
Cousez 3 pressions régulièrement réparties au bord de l'ouverture dos.

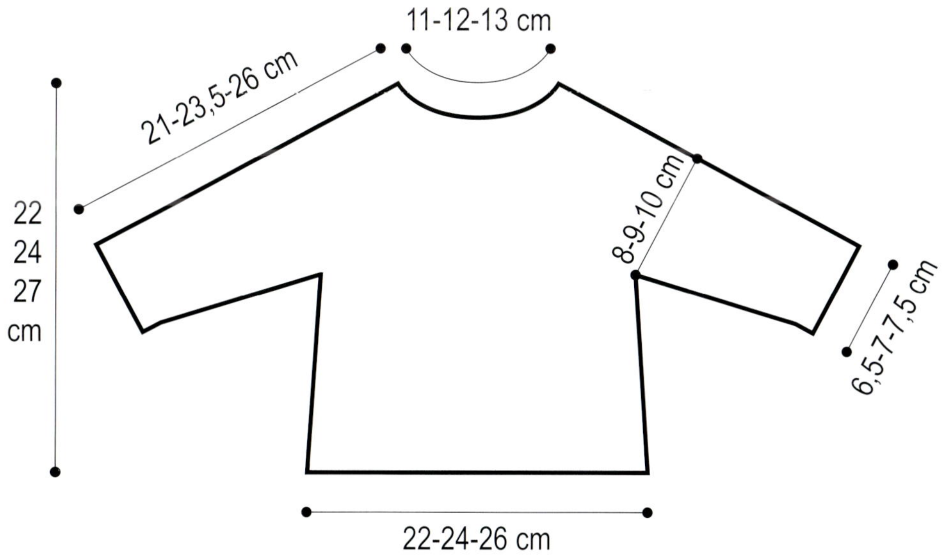

Bonnet & Chaussons

Thème Trousseau Rose *(Taille 1, 3, 6 mois)*

FOURNITURES

- 1 pelotes de laine Bergère de France BARISIENNE Rêverie
- 1 paire d'aiguilles n° 3
- 1 paire d'aiguilles n° 3,5
- 1 aiguille à laine

POINTS EMPLOYÉS

- Point mousse
- Jersey endroit

ÉCHANTILLON

Important : Tricotez avec des aiguilles plus fines si vous obtenez moins de m. et de rangs que cet échantillon. Tricotez avec des aiguilles plus grosses dans le cas contraire.
10 cm jersey endroit avec les aiguilles n°3,5 = 22 m. et 30 rangs.

RÉALISATION DU BONNET

Montez 72-79-86 m. avec les aiguilles n° 3,5.
Tricotez 8 rangs point mousse, * 2 rangs jersey endroit, 2 rangs point mousse *, tricotez 4-5-6 fois de * à *, 2 rangs jersey endroit.
Au rang suivant, tricotez 1 m. endroit, * 2 m. ensemble endroit, 5 m. endroit *, tricotez 10-11-12 fois de * à *, terminez par 1 m. endroit.
Tricotez 1 rang endroit sur les 62-68-74 m. restantes.
Tricotez 2 rangs jersey endroit, 2 rangs point mousse, 2 rangs jersey endroit.
Au rang suivant, tricotez 1 m. endroit, * 2 m. ensemble endroit, 4 m. endroit *, tricotez 10-11-12 fois de * à *, terminez par 1 m. endroit.
Tricotez 1 rang endroit sur les 52-57-62 m. restantes.
Tricotez 2 rangs jersey endroit.
Au rang suivant, tricotez 1 m. endroit, * 2 m. ensemble endroit, 3 m. endroit *, tricotez 10-11-12 fois de * à *, terminez par 1 m. endroit.
Tricotez 1 rang endroit sur les 42-46-50 m. restantes.
Tricotez 2 rangs jersey endroit.
Au rang suivant, tricotez 1 m. endroit, * 2 m. ensemble endroit, 2 m. endroit *, tricotez 10-11-12 fois de * à *, terminez par 1 m. endroit.
Tricotez 1 rang endroit sur les 32-35-38 m. restantes.
Tricotez 2 rangs jersey endroit.
Au rang suivant, tricotez 1 m. endroit, * 2 m. ensemble endroit, 1 m. endroit *, tricotez 10-11-12 fois de * à *, terminez par 1 m. endroit.
Tricotez 1 rang endroit sur les 22-24-26 m. restantes.
Au rang suivant, tricotez toutes les m. 2 par 2 ensemble endroit.
Passez un fil dans les 11-12-13 m. restantes. Serrez et arrêtez.
Faîtes la couture du bonnet.

RÉALISATION DES CHAUSSONS

Montez 28-30-34 m. avec les aiguilles n° 3.
Tricotez 2 rangs point mousse.
Au rang suivant, tricotez 2 m. endroit, 1 augmentation (faîtes un jeté, tricotez le torse au rang suivant), 11-12-14 m. endroit, 1 augmentation, 2 m. endroit, 1 augmentation, 11-12-14 m. endroit, 1 augmentation, 2 m. endroit.
Tricotez 1 rang endroit sur les 32-34-38 m. obtenues.
Au rang suivant, tricotez 3 m. endroit, 1 augmentation, 11-12-14 m. endroit, 1 augmentation, 4 m. endroit, 1 augmentation, 11-12-14 m. endroit, 1 augmentation, 3 m. endroit.
Tricotez 1 rang endroit sur les 36-38-42 m. obtenues.
Répétez ces augmentations encore 1-2-2 fois tous les 2 rangs en tricotant à chaque fois 1 m. du plus avant la 1ère augmentation, 2 m. de plus entre la 2e et la 3e augmentation, et 1 m. de plus après la dernière augmentation.
Continuez point mousse sur les 40-46-50 m. obtenues.
À 3-3,5-4 cm (14-18-20 rangs) de hauteur totale, tricotez 23-27-29 m. endroit, 2 m. ensemble endroit, laissez en attente les 15-17-19 m. suivantes. Tournez, tricotez 7-9-9 m. endroit, 2 m. ensemble endroit, laissez en attente les 15-17-19 m. restantes.
Continuez sur les 8-10-10 m. centrales en tricotant ensemble endroit à chaque fin de rang la dernière des 8-10-10 m. et la 1ère des m. en attente, jusqu'à ce qu'il ne reste plus que 10-11-12 m. en attente de chaque côté.
Au rang suivant, tricotez 7-9-9 m. endroit, 2 m. ensemble endroit, 9-10-11 m. endroit.
Au rang suivant, tricotez 16-19-20 m. endroit, 2 m. ensemble endroit, 9-10-11 m. endroit.
Continuez comme suit sur les 26-30-32 m. restantes : 2 rangs jersey endroit, 2 rangs point mousse, 2 rangs jersey endroit, 2 rangs point mousse, 2 rangs jersey endroit, 3 rangs point mousse, rabattez souplement les m. au rang suivant en les tricotant endroit.
Faîtes la couture du chausson.
Réalisez un deuxième chausson semblable.

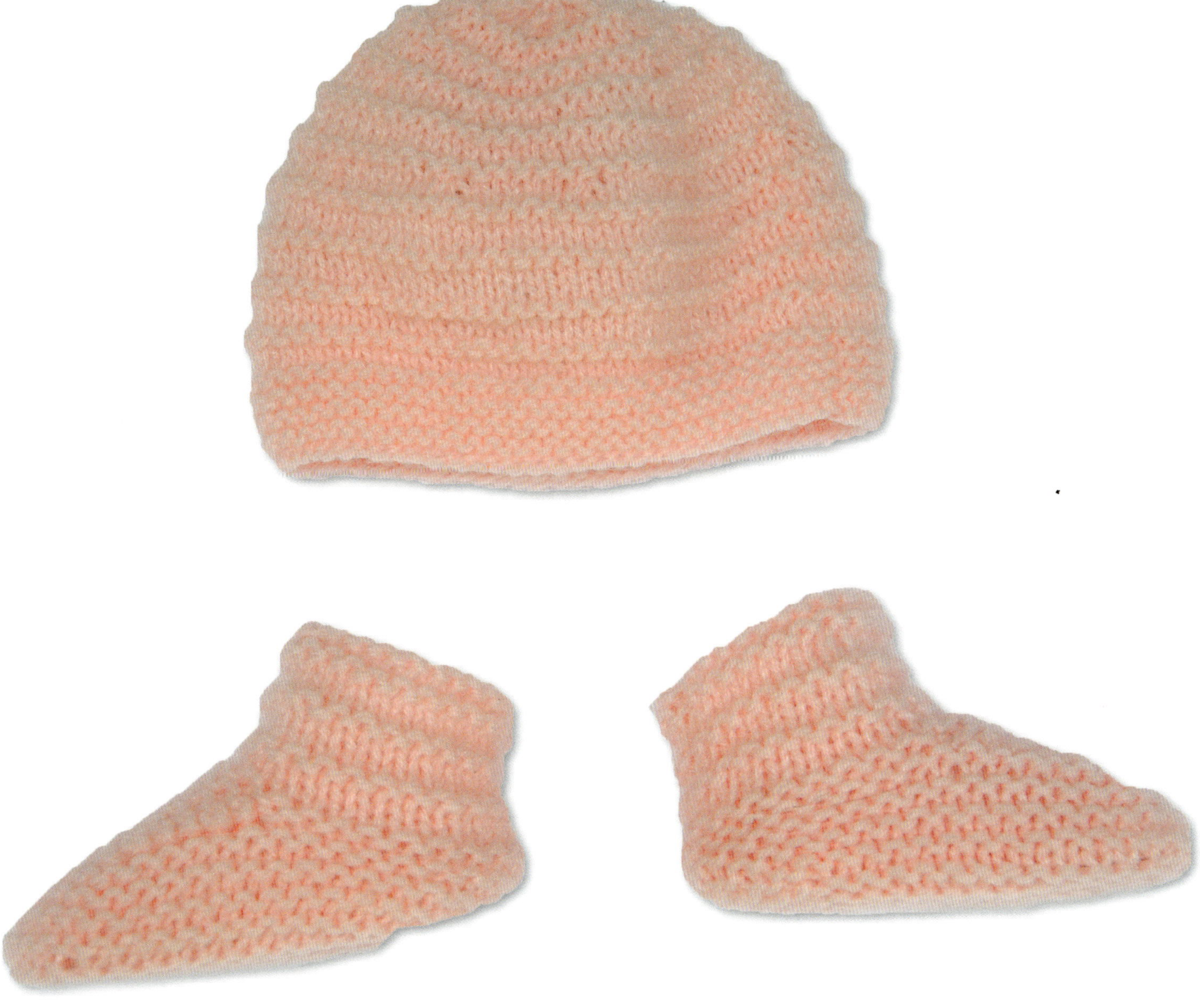

Brassière

Thème Trousseau Bleu *(Taille 1, 3, 6 mois)*

FOURNITURES

- 2 pelotes de laine Bergère de France MÉRINOS 2,5 Ciel Bébé
- 1 paire d'aiguilles n° 2,5
- 2 pressions transparentes Ø 7 mm
- 1 aiguille à laine

POINTS EMPLOYÉS

- Point mousse
- Jersey endroit
- Point ajouré **A**
- Point ajouré **B**

ÉCHANTILLONS

Important : Tricotez avec des aiguilles plus fines si vous obtenez moins de m. et de rangs que ces échantillons. Tricotez avec des aiguilles plus grosses dans le cas contraire.
10 cm en jersey endroit aiguilles n°2,5 = 31 m. et 42 rangs
10 cm dans les différents points ajourés aiguilles n°2,5 = 28 m. et 42 rangs.

RÉALISATION

DEVANT :

Montez 67-73-77 m. Tricotez 4 rangs point mousse. Continuez en tricotant :
1 mois : 2 rangs jersey endroit, * 4 rangs point ajouré **A** (voir lexique) en commençant le 1er rang par 2 m. endroit au lieu de 1, 2 rangs jersey endroit, 6 rangs point ajouré **B** (voir lexique) en commençant le 1er rang par 4 m. endroit au lieu de 3, 4 rangs jersey endroit *, tricotez 3 fois de * à *, mais terminez par 2 rangs jersey endroit au lieu de 4.
À 12 cm (52 rangs) de hauteur totale, laissez les m. en attente.
3 mois : 2 rangs jersey endroit, * 4 rangs point ajouré **A** en commençant le 1er rang par 1 m. endroit, 2 m. ensemble endroit, 1 m. endroit, 1 jeté puis l'explication, 2 rangs jersey endroit, 6 rangs point ajouré **B** en commençant le 1er rang par 7 m. endroit au lieu de 3, 4 rangs jersey endroit *, tricotez 3 fois de * à *, mais terminez par 6 rangs jersey endroit au lieu de 4.
À 13 cm (56 rangs) de hauteur totale, laissez les m. en attente.
6 mois : 2 rangs jersey endroit, * 4 rangs point ajouré **A** en commençant le 1er rang par 3 m. endroit, 2 m. ensemble endroit, 1 m. endroit, 1 jeté puis l'explication, 2 rangs jersey endroit, 6 rangs point ajouré **B** en commençant le 1er rang par 9 m. endroit au lieu de 3, 4 rangs jersey endroit *, tricotez 3 fois de * à *, 4 rangs point ajouré **A**, 6 rangs jersey endroit.
À 15 cm (64 rangs) de hauteur totale, laissez les m. en attente.

DOS GAUCHE :

Montez 37-41-43 m. Tricotez 4 rangs point mousse. Continuez en tricotant :
1 mois : 4 m. point mousse et 33 m. comme suit : 2 rangs jersey endroit, * 4 rangs point ajouré **A** en commençant le 1er rang par l'explication, 2 rangs jersey endroit, 6 rangs point ajouré **B** en commençant le 1er rang par l'explication, 4 rangs jersey endroit *, tricotez 3 fois de * à *, mais terminez par 2 rangs jersey endroit au lieu de 4.
À 12 cm (52 rangs) de hauteur totale, laissez les m. en attente.
3 mois : 4 m. point mousse, 37 m. comme suit : 2 rangs jersey endroit, * 4 rangs point ajouré **A** en commençant le 1er rang par l'explication, 2 rangs jersey endroit, 6 rangs point ajouré **B** en commençant le 1er rang par l'explication, 4 rangs jersey endroit *, tricotez 3 fois de * à *, mais terminez par 6 rangs jersey endroit au lieu de 4.
À 13 cm (56 rangs) de hauteur totale, laissez les m. en attente.
6 mois : 4 m. point mousse, 39 m. comme suit : 2 rangs jersey endroit, * 4 rangs point ajouré **A** en commençant le 1er rang par l'explication, 2 rangs jersey endroit, 6 rangs point ajouré **B** en commençant le 1er rang par l'explication, 4 rangs jersey endroit *, tricotez 3 fois de * à *, 4 rangs point ajouré **A**, 6 rangs jersey endroit.
À 15 cm (64 rangs) de hauteur totale, laissez les m. en attente.

DOS DROIT :

Monter 37-41-43 m. Tricotez 4 rangs point mousse, puis comme le dos gauche en sens inverse.

MANCHES :

Montez 37-41-43 m. Tricotez 4 rangs point mousse. Continuez en tricotant 2 rangs jersey endroit, 4 rangs point ajouré **A**, 2 rangs jersey endroit, 6 rangs point ajouré **B**, terminez jersey endroit et en augmentant de chaque côté :
1 mois : 6 fois 1 m. tous les 6 rangs.
3 mois : 7 fois 1 m. tous les 6 rangs.
6 mois : 6 fois 1 m. tous les 6 rangs, 3 fois 1 m. tous les 4 rangs.
Commencez le point ajouré **A** par :
1 mois : 3 m. endroit, 2 m. ensemble endroit, 1 m. endroit, 1 jeté, puis l'explication.
3 mois : l'explication.
6 mois : 2 m. endroit au lieu de 1.
Commencez le point ajouré B par :
1 mois : 2 m. endroit au lieu de 3.
3 mois : 5 m. endroit au lieu de 3.

6 mois : 6 m. endroit au lieu de 3.
A 11-12-14 cm (48-52-60 rangs) de hauteur totale, laissez les 49-55-61 m. obtenues en attente.

EMPIÈCEMENT :
Reprenez sur une même aiguille les 37-41-43 m. du dos gauche, les 49-55-61 m. de la manche gauche, les 67-73-77 m. du devant, les 49-55-61 m. de la manche droite, les 37-41-43 m. du dos droit (= 239-265-285 m.).
Tricotez le 1er rang jersey endroit en tricotant 2 m. ensemble endroit au début et à la fin de chaque partie sauf au début et à la fin du rang (= 8 diminutions) et en répartissant 6-8-4 diminutions :
1 mois : 4 sur le devant et 1 sur chaque manche.
3 mois : 4 sur le devant et 2 sur chaque manche.
6 mois : 4 sur le devant.
Tricotez 1 rang endroit sur les 225-249-273 m. restantes.
Continuez en tricotant 4 m. point mousse au début et à la fin de chaque rang et comme suit sur les 217-241-265 m. centrales : * 4 rangs point ajouré **A**, 2 rangs point mousse *, tricoter 7-8-9 fois de * à *.
Au 5e rang (1er rang des 2 rangs point mousse suivants), répartissez 16 diminutions en tricotant :
10-13-12 m. endroit, * 2 m. ensemble endroit, 11-12-14 m. endroit *, tricotez 7 fois de * à *, 2 m. ensemble endroit, 19-23-21 m. endroit, 8 fois de * à *, mais terminez par 10-13-12 m. endroit.
Répétez ces diminutions encore 6-7-8 fois tous les 6 rangs (= toujours sur le 1er des 2 rangs point mousse) en tricotant à chaque fois 1 m. de moins entre elles sauf : au début et à la fin du rang (on commence et on termine toujours par 10-13-12 m. endroit) et au centre où on tricote à chaque fois 2 m. de moins (de 19-23-21 m. endroit on passe à 17-21-19 m. endroit etc.).
Tricotez encore 2 rangs point mousse sur les 113-121-129 m. restantes en tricotant le 1er rang comme suit :
1 mois : 3 m. endroit, * 2 m. ensemble endroit, 3 m. endroit *, tricotez 22 fois de * à *.
3 mois : 4 m. endroit, * 2 m. ensemble endroit, 3 m. endroit *, tricotez 23 fois de * à *, mais terminez par 5 m. endroit au lieu de 3.
6 mois : 3 m. endroit, * 2 m. ensemble endroit, 3 m. endroit *, tricotez 25 fois de * à *, mais terminez par 4 m. endroit au lieu de 3.
Rabattez les 91-98-104 m. restantes au rang suivant en tricotant les m. envers sur l'endroit du travail.

FINITIONS : Faîtes les coutures des côtés et des manches de la brassière. Cousez les pressions au dos.

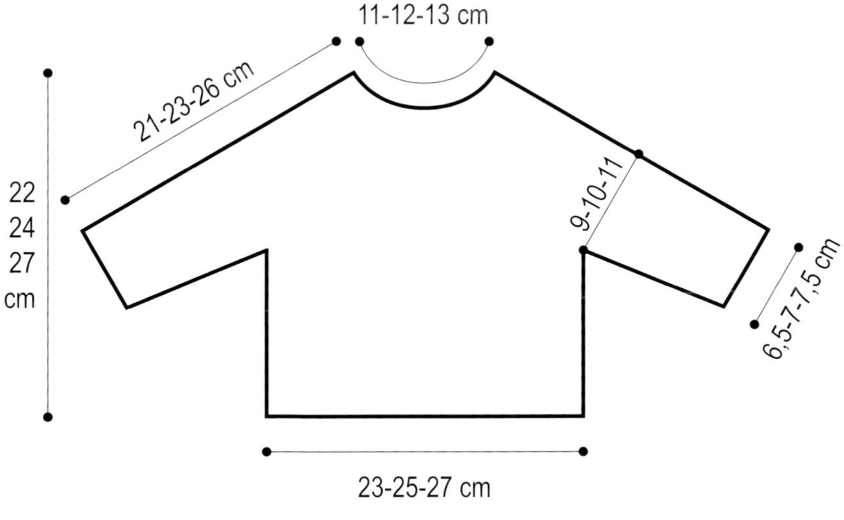

Bonnet & Chaussons

Thème Trousseau Bleu *(Taille 1, 3, 6 mois)*

FOURNITURES

- 1 pelotes de laine Bergère de France MÉRINOS 2,5 Ciel Bébé
- 1 paire d'aiguilles n° 2,5
- 1 aiguille à laine

POINTS EMPLOYÉS

- Point mousse
- Jersey endroit
- Point ajouré **A**
- Point ajouré **B**

ÉCHANTILLON

Important : Tricotez avec des aiguilles plus fines si vous obtenez moins de m. et de rangs que ces échantillons. Tricotez avec des aiguilles plus grosses dans le cas contraire.
10 cm en jersey endroit aiguilles n°2,5 = 31 m. et 42 rangs
10 cm dans les différents points ajourés aiguilles n°2,5 = 28 m. et 42 rangs.

RÉALISATION DU BONNET

Montez 99-107-115 m. Tricotez 4 rangs point mousse. Continuez en tricotant 2 rangs jersey endroit, 4 rangs point ajouré **A** (voir lexique) en commençant le 1er rang par 2 m. endroit au lieu de 1, 2 rangs jersey endroit, 6 rangs point ajouré **B** (voir lexique) en commençant le 1er rang par 4 m. endroit au lieu de 3, terminez jersey endroit.
À environ 7-8-9 cm (30-36-42 rangs) de hauteur totale, répartissez 12-13-14 diminutions en tricotant : 3 m. endroit, * 2 m. ensemble endroit, 6 m. endroit *, tricotez 12-13-14 fois de * à *.

Tricotez 5 rangs sur les 87-94-101 m. restantes.
Au rang suivant, tricotez 3 m. endroit, * 2 m. ensemble endroit, 5 m. endroit *, tricotez 12-13-14 fois de * à *.
Répétez ces diminutions encore 1 fois tous les 6 rangs, 2 fois tous les 4 rangs, 1 fois tous les 2 rangs.
Tricotez 1 rang sur les 27-29-31 m. restantes.
Au rang suivant, tricotez 1 m. endroit, puis toutes les m. ensemble endroit 2 par 2.
Tricotez 1 rang, passez le fil dans les 14-15-16 m. restantes, serrez et arrêtez.
Faîtes la couture.

RÉALISATION DES CHAUSSONS

Se commencent par la tige.
Montez 35-41-47 m. Tricotez 4 rangs point mousse, 4 rangs jersey endroit, 4 rangs point ajouré **A** en commençant le 1er rang par :
1 mois : 2 m. endroit au lieu de 1.
3 mois : l'explication.
6 mois : 4 m. endroit au lieu de 1.
Continuez en tricotant 4-6-8 rangs jersey endroit.
Laissez les 12-14-16 m. de chaque côté, continuez sur les 11-13-15 m. centrales pour le dessus de pied en tricotant 4-6-8 rangs jersey endroit, 6 rangs point ajouré **B** en commençant le 1er rang par : 4-5-6 m. endroit au lieu de 3, 2-4-6 rangs jersey endroit et laissez en attente.
Reprenez les 12-14-16 m. laissées en attente à droite, relevez 10-13-15 m. le long du bord droit du dessus de pied, reprenez les 11-13-15 m. laissées en attente et augmentez 1 m., relevez 10-13-15 m. le long du bord gauche du dessus de pied, reprenez les 12-14-16 m. laissées en attente à gauche (= 55-67-77 m.).
Tricotez 10-12-16 rangs point mousse, puis laissez en attente de chaque côté : 23-28-32 m.
Continuez sur les 9-11-13 m. centrales pour la semelle en tricotant à chaque fin de rang la dernière des 10-12-14 m. et la première des m. en attente jusqu'à ce qu'il ne reste plus que 5-6-7 m. de chaque côté.
Fermez en grafting (voir lexique) les 9-11-13 m. de la semelle avec les m. en attente.
Réalisez un second chausson semblable.

Cache-cœur

Thème Trousseau Orange *(Taille 1, 3, 6 mois)*

FOURNITURES

- 2-2-3 pelotes de laine Bergère de France CALINOU Potiron
- 1 paire d'aiguilles n° 2,5
- 1 paire d'aiguilles n° 3
- 1 crochet n° 2,5
- du ruban (1 m. environ)
- 1 aiguille à laine

POINTS EMPLOYÉS

- Jersey endroit
- Jersey envers
- Point d'astrakan
- Point mousse

ÉCHANTILLON

Important : Tricotez avec des aiguilles plus fines si vous obtenez moins de m. et de rangs que cet échantillon. Tricotez avec des aiguilles plus grosses dans le cas contraire.
Un carré de 10 cm point d'astrakan avec les aiguilles n° 3 = 31 m. et 32 rangs.

RÉALISATION

Le cache-cœur se tricote en une seule partie et il est commencé par le devant droit :
Montez 61-69-77 m. avec les aiguilles n° 2,5. Tricotez 2 rangs jersey endroit. Continuez avec les aiguilles n° 3 : 4 m. jersey envers (pour la bordure), 57-65-73 m. point d'astrakan (voir lexique).
À 8-9-10 cm de hauteur totale (2 rangs jersey endroit et 24-28-32 rangs point d'astrakan), diminuez à droite à 3 m. du bord 20-22-25 fois 1 m. tous les 2 rangs.
Pour diminuer 1 m. à 3 m. du bord : Tricotez 3 m. envers, 2 m. ensemble envers (important : Le rang précédent chaque diminution se termine par 3 m. ensemble envers, 4 m. endroit).
À 11-12,5-14 cm (2 rangs jersey endroit et 34-38-42 rangs point d'astrakan), augmentez à gauche à 1 m. du bord 4 fois 1 m. tous les 2 rangs. Commencez le rang suivant chaque augmentation par 2 m. envers au lieu d'1, 3 m. dans 1 m., 3 m. ensemble envers...
Après le dernier rang d'augmentation, tricotez 1 rang, puis au rang suivant augmentez 39-47-51 m. à gauche pour la manche droite.
Au rang suivant, tricotez 4 m. endroit, 36-44-48 m. envers, puis point d'astrakan (commencez par 3 m. dans 1 m., 3 m. ensemble envers...), terminez par 4 m. endroit.
Continuez 4 m. jersey envers pour la bordure du devant, point d'astrakan (commencez le 1er rang sur l'envers par 3 m. ensemble envers, 3 m. dans 1 m. ...) et terminez par 4 m. jersey envers pour la bordure de la manche.
À 21-23,5-26 cm (2 rangs jersey endroit et 68-76-84 rangs point d'astrakan), laissez en attente les 4 m. de la bordure du devant sur un fil (ces m. seront reprises pour la bordure du dos) et les 64-76-83 m. restantes sur un fil différent. Le devant droit est terminé.

DEVANT GAUCHE :

Montez 61-69-77 m. avec les aiguilles n° 2,5. Tricotez 2 rangs jersey endroit. Continuez avec les aiguilles n° 3 : 57-65-73 m. point d'astrakan, 4 m. jersey envers (pour la bordure). Commencez le 2e rang sur l'envers par 4 m. endroit, 3 m. dans 1 m., 3 m. ensemble envers..., terminez le rang par 1 m. envers.
À 8-9-10 cm de hauteur totale (2 rangs jersey endroit et 24-28-32 rangs point d'astrakan), diminuez à gauche à 3 m. du bord 20-22-25 fois 1 m. tous les 2 rangs.
Pour diminuer 1 m. à 3 m. du bord : lorsqu'il reste 5 m. sur l'aiguille gauche, tricotez 2 m. ensemble envers, 3 m. envers.
À 11-12,5-14 cm (2 rangs jersey endroit et 34-38-42 rangs point d'astrakan), augmentez à droite à 1 m. du bord 4 fois 1 m. tous les 2 rangs. Terminez le rang suivant chaque rang d'augmentation par 2 m. envers au lieu d'1.
Après le dernier rang d'augmentation, tricotez 1 rang et coupez le fil.
Sur l'aiguille vide, montez 39-47-51 m. , à la suite tricotez les m. du devant gauche. Au rang suivant, tricotez 4 m. endroit, point d'astrakan et terminez par 40-48-52 m. envers, 4 m. endroit.

Continuez 4 m. jersey envers pour la bordure de la manche, point d'astrakan et terminez par 4 m. jersey envers pour la bordure du devant.
A 21-23,5-26 cm (2 rangs jersey endroit et 68-76-84 rangs point d'astrakan), laissez en attente les 4 m. de la bordure du devant sur un fil (ces m. seront reprises pour la bordure du dos). Le devant gauche est terminé.

DOS :

Tricotez les 64-76-83 m. du devant gauche (4 m. jersey envers et point d'astrakan), à la suite montez 29-29-35 m. pour l'encolure dos, puis reprenez les 64-76-83 m. du devant droit en tricotant point d'astrakan et jersey envers sur les 4 dernières m. Glissez 1 fil dans chaque m. lisière pour indiquer le 1er rang du dos.
Au rang suivant, tricotez envers sur les 29-29-35 m. de l'encolure dos.
Continuez jersey envers sur les 4 premières et les 4 dernières m. et point d'astrakan sur les autres m.
À 8-9-10 cm (24-28-32 rangs point d'astrakan),

rabattez au début du rang 39-47-51 m. en tricotant ces m. à l'endroit et terminer le rang.
Au rang suivant, rabattez au début du rang 39-47-51 m. en tricotant ces m. à l'envers et terminez le rang.
Dès le rang suivant (sur l'endroit du travail), diminuez de chaque côté tous les 2 rangs 4 fois 1 m. à 1 m. du bord (**à droite :** Tricotez 1 m. envers, 2 m. ensemble envers, **à gauche :** Lorsqu'il reste 3 m. sur l'aiguille gauche, tricotez 2 m. ensemble envers, 1 m. envers), (important : Le rang précédent chaque diminution commence par 1 m. envers, 3 m ensemble envers et se termine par 3 m. ensemble envers, 1 m. envers).
Continuez point d'astrakan sur les 65-73-81 m. restantes.
À 20,5-23-25,5 cm de hauteur du dos (68-76-84 rangs point d'astrakan), tricotez 2 rangs jersey endroit avec les aiguilles n° 2,5. Rabattez toutes les m. au rang suivant.

Finitions :

Reprenez les 4 m. laissées en attente à la bordure droite, ajoutez 1 m. côté encolure (pour la couture), tricotez 4,5-4,5-5,5 cm jersey envers et rabattez.
Reprenez les 4 m. laissées en attente à la bordure gauche, ajoutez 1 m. côté encolure (pour la couture), tricotez 4,5-4,5-5,5 cm jersey envers et rabattez.
Cousez ces bordures le long de l'encolure dos, puis assemblez les petits côtés.
Coupez le ruban en 2. Cousez un ruban sous la bordure du devant droit avant les diminutions.
Cousez les côtés en intercalant un ruban dans la couture dos - devant gauche en vis-à-vis du ruban cousu sur le devant droit.
Cousez les dessous de manches.
Avec le crochet n° 3, crochetez 2 chaînettes de 40 m.l. Fixez 1 chaînette à l'intérieur sur la couture dos-devant droit à 8-9-10 cm de haut et la 2e sous la bordure du devant gauche à la même hauteur.

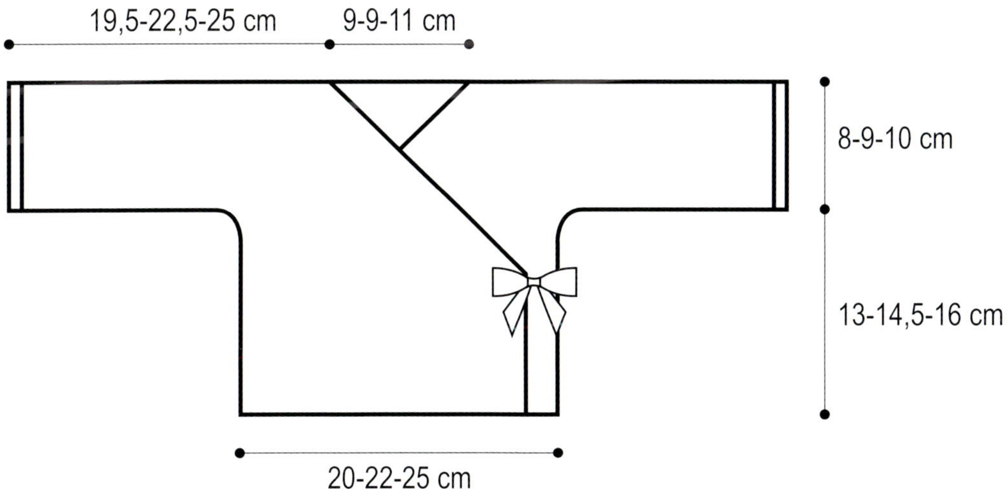

Bonnet & Chaussons

Thème Trousseau Orange *(Taille 1, 3, 6 mois)*

FOURNITURES

- 1 pelote de laine Bergère de France CALINOU Potiron
- 1 paire d'aiguilles n° 2,5
- 1 aiguille à laine

POINTS EMPLOYÉS

- Point mousse
- Point d'astrakan

ÉCHANTILLON

Important : Tricotez avec des aiguilles plus fines si vous obtenez moins de m. et de rangs que cet échantillon. Tricotez avec des aiguilles plus grosses dans le cas contraire.
Un carré de 10 cm point mousse avec les aiguilles n° 2,5 = 27 m. et 50 rangs.

RÉALISATION DU BONNET

Montez 90-98-106 m. avec les aiguilles n° 2,5.
Tricotez point mousse.
À 8-9-10 cm (38-44-48 rangs) de hauteur totale, tricotez 1 m. endroit, * 2 m. ensemble endroit, 6 m. endroit *, tricotez 11-12-13 fois de * à *, tricotez la dernière m. à l'endroit.
Tricotez 5 rangs sur les 79-86-93 m. restantes.
Au rang suivant, tricotez 1 m. endroit, * 2 m. ensemble endroit, 5 m. endroit *, tricotez 11-12-13 fois de * à *, tricotez la dernière m. à l'endroit.
Tricotez 5 rangs endroit sur les 68-74-80 m. restantes.
Au rang suivant, tricotez 1 m. endroit, * 2 m. ensemble endroit, 4 m. endroit *, tricotez 11-12-13 fois de * à *, tricotez la dernière m. à l'endroit.
Tricotez 3 rangs endroit sur les 57-62-67 m. restantes.
Au rang suivant, tricotez 1 m. endroit, * 2 m. ensemble endroit, 3 m. endroit *, tricotez 11-12-13 fois de * à *, tricotez la dernière m. à l'endroit.
Tricotez 3 rangs endroit sur les 46-50-54 m. restantes.
Au rang suivant, tricotez 1 m. endroit, * 2 m. ensemble endroit, 2 m. endroit *, tricotez 11-12-13 fois de * à *, tricotez la dernière m. à l'endroit.
Tricotez 3 rangs endroit sur les 35-38-41 m. restantes.
Au rang suivant, tricotez 1 m. endroit, * 2 m. ensemble endroit, 1 m. endroit *, tricotez 11-12-13 fois de * à *, tricotez la dernière m. à l'endroit.
Tricotez 1 rang endroit sur les 24-26-28 m. restantes.
Au rang suivant, tricotez toutes les m. 2 par 2 en les tricotant ensemble endroit.
Passez un fil dans les 12-13-14 m. restantes. Serrez et arrêtez.
Faîtes la couture du bonnet.

RÉALISATION DES CHAUSSONS

Montez 30-32-34 m. avec les aiguilles n° 2,5.
Tricotez 2 rangs point mousse.
Au rang suivant, tricotez 2 m. endroit, 1 augmentation (faîtes un jeté, tricotez le torse au rang suivant), 12-13-14 m. endroit, 1 augmentation, 2 m. endroit, 1 augmentation, 12-13-14 m. endroit, 1 augmentation, 2 m. endroit.
Tricotez 1 rang endroit sur les 34-36-38 m. obtenues.
Au rang suivant, tricotez 3 m. endroit, 1 augmentation, 12-14-16 m. endroit, 1 augmentation, 4 m. endroit, 1 augmentation, 12-14-16 m. endroit, 1 augmentation, 3 m. endroit.
Tricotez 1 rang endroit sur les 38-40-42 m. obtenues.
Répétez ces augmentations encore 2-3-4 fois tous les 2 rangs en tricotant à chaque fois 1 m. du plus avant la 1ère augmentation, 2 m. de plus entre la 2e et la 3e augmentation, et 1 m. de plus après la dernière augmentation.
Continuez point mousse sur les 46-52-58 m.
À 3-3,5-4 cm (16-18-20 rangs) de hauteur totale, tricotez 27-30-33 m. endroit, 2 m. ensemble endroit, laissez en attente les 17-20-23 m. suivantes. Tournez le travail, tricotez 9 m. endroit, 2 m. ensemble endroit, laissez en attente les 17-20-23 m. restantes.
Continuez sur les 10 m. centrales en tricotant ensemble endroit à chaque fin de rang la dernière des 10 m. et la 1ère des m. en attente, jusqu'à ce qu'il ne reste plus que 11-12-13 m. en attente de chaque côté.
Au rang suivant, tricotez 9 m. endroit, 2 m. ensemble endroit, 10-11-12 m. endroit.
Au rang suivant, tricotez 19-20-21 m. endroit, 2 m. ensemble endroit, 10-11-12 m. endroit.
Continuez point d'astrakan (voir lexique) sur les 30-32-34 m. restantes en répartissant 4-6-8 augmentations au 1er rang = 34-38-42 m. pendant 4-4,5-5 cm (12-14-16 rangs). Rabattez souplement les m. au rang suivant en les tricotant endroit.
Faîtes la couture du chausson.
Réalisez un deuxième chausson semblable.

Ensemble *Thème Trousseau Jaune* *(Taille 0, 1, 3, 6 mois)*

FOURNITURES

- 4-5-5-6 pelotes de laine Bergère de France GOOMY 50 Imprimé Paille
- 1 paire d'aiguilles n° 2,5
- 3 pressions transparentes Ø 7 mm.
- du fil élastique
- 1 aiguille à laine

POINTS EMPLOYÉS

- Point mousse
- Point de godron

ÉCHANTILLONS

Important : Tricotez avec des aiguilles plus fines si vous obtenez moins de m. et de rangs que ces échantillons. Tricotez avec des aiguilles plus grosses dans le cas contraire.
10 cm en jersey endroit aiguilles n° 2,5 = 32 m. et 41 rangs
10 cm au point mousse aiguilles n° 2,5 = 30 m. et 58 rangs

RÉALISATION DE LA BRASSIÈRE

DEVANT DROIT :

Montez 40-43-47-52 m. avec les aiguilles n° 2,5. Tricotez point mousse.
À 13-14-15-17 cm (76-82-88-100 rangs) de hauteur totale, tricotez 1 rang et montez à la suite 36-42-48-54 nouvelles m. (pour la manche droite).
Continuez sur les 76-85-95-106 m. obtenues.
Encolure :
À 17-19-21-24 cm (100-112-124-142 rangs) de hauteur totale, rabattez à droite 21-21-23-27 m. et continuez sur les 55-64-72-79 m. restantes.
À 20-22-24-27 cm (118-130-142-158 rangs) de hauteur totale, laissez les m. en attente.

DEVANT GAUCHE :

Montez 40-43-47-52 m. avec les aiguilles n° 2,5. Tricotez point mousse.
À 13-14-15-17 cm (76-82-88-100 rangs), laissez les m. en attente. Coupez le fil, montez 36-42-48-54 nouvelles m. (pour la manche gauche), glissez les m. du devant à la suite sur la même aiguille et tricotez le rang.
Continuez sur les 76-85-95-106 m. obtenues.
Encolure :
À 17-19-21-24 cm (100-112-124-142 rangs) de hauteur totale, rabattez à gauche 21-21-23-27 m. et continuez sur les 55-64-72-79 m. restantes.
À 20-22-24-27 cm (118-130-142-158 rangs) de hauteur totale, laissez les m. en attente.

DOS :

Reprenez sur une même aiguille les 55-64-72-79 m. du devant droit, à la suite montez 21-21-23-27 nouvelles m. (pour l'encolure du dos) et reprenez les 55-64-72-79 m. du devant gauche.
Tricotez sur les 131-149-167-185 m. obtenues pendant 7-8-9-10 cm (42-48-54-58 rangs) et rabattez 36-42-48-54 m. de chaque côté : les manches sont terminées.
Tricotez 13-14-15-17 cm (76-82-88-100 rangs) sur les 59-65-71-77 m. restantes et rabattez toutes les m.

FINITIONS :

Faîtes les coutures des côtés et des manches de la brassière et cousez les pressions sur les devants (2 sur le même rang espacées de 2 cm à 0,5 cm de l'encolure et une troisième environ 6 cm en dessous)

RÉALISATION DU PANTALON

DEVANT :

Jambe droite : Montez 26-29-32-35 m. avec les aiguilles n° 2,5. Tricotez point mousse en augmentant à droite à 2 m. du bord :
0 mois : 6 fois 1 m. tous les 10 rangs.
1 mois : 6 fois 1 m. tous les 12 rangs.
3 mois : 6 fois 1 m. tous les 14 rangs.
6 mois : 6 fois 1 m. tous les 16 rangs.
À 12-14-16-18 cm (70-82-94-106 rangs) de hauteur totale, laissez les 32-35-38-41 m. obtenues en attente.

Jambe gauche : Comme la jambe droite mais en augmentant à gauche et pas à droite.

Reprenez les 2 jambes sur une même aiguille en montant 1 nouvelle m. entre elles.
Tricotez sur les 65-71-77-83 m. obtenues pendant 15-16-17-19 cm (87-93-99-109 rangs).
Au rang suivant (sur l'envers du travail) répartissez 15 diminutions en tricotant :
0 mois : 4 m. endroit, * 2 m. ensemble endroit, 2 m. endroit *, répétez 15 fois de * à * mais terminez par 3 m. endroit au lieu de 2.
1 mois : 7 m. endroit, * 2 m. ensemble endroit, 2 m. endroit *, répétez 15 fois de * à * mais terminez par 6 m. endroit au lieu de 2.
3 mois : 2 m. endroit, * 2 m. ensemble endroit, 3 m. endroit *, répétez 15 fois de * à *.
6 mois : 5 m. endroit, * 2 m. ensemble endroit, 3 m. endroit *, répétez 15 fois de * à * mais terminez par 6 m. endroit au lieu de 3.
Tricotez 2 cm (12 rangs) sur les 50-56-62-68 m. restantes et rabattez les m.

Dos :

Comme le devant.

Finitions :

Faîtes les coutures des côtés et d'entrejambe du pantalon, glissez du fil élastique au niveau de la taille.

RÉALISATION DU BONNET

Montez 280-300-320-340 m. avec les aiguilles n° 2,5. Tricotez 6 rangs point mousse.

Au rang suivant, rabattez 104-112-120-126 m. de chaque côté et continuez sur les 72-76-80-88 m. centrales en tricotant 28-30-32-36 m. point mousse, 16 m. point de godron (voir lexique), 28-30-32-36 m. point mousse.

Mais dès le second rang puis à chaque rang, laissez en attente de chaque côté 28-30-32-36 fois 1 m. (laissez les m. en attente sur l'aiguille droite et sur l'aiguille gauche jusqu'à ce qu'il ne reste plus que les 16 m. point de godron au centre) ; reprenez ensuite à chaque rang de chaque côté 28-30-32-36 fois 1 m.

Rabattez les 72-76-80-88 m. obtenues.

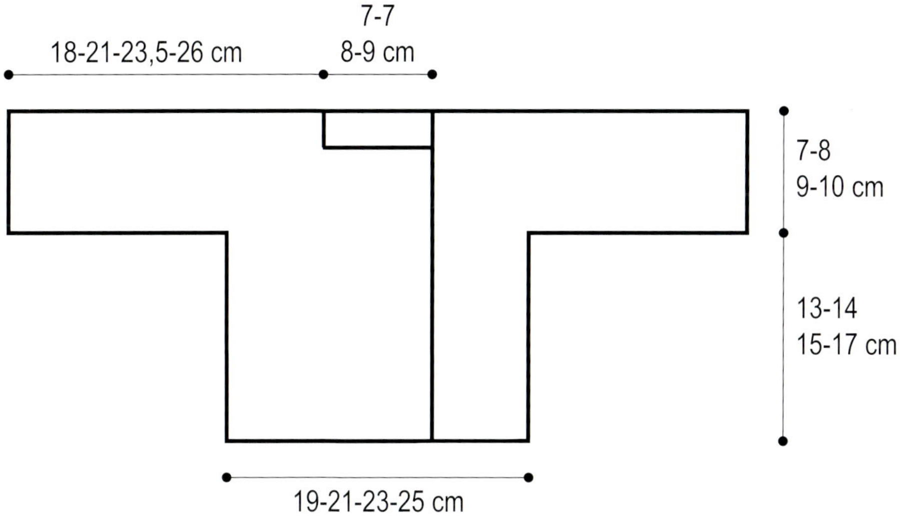

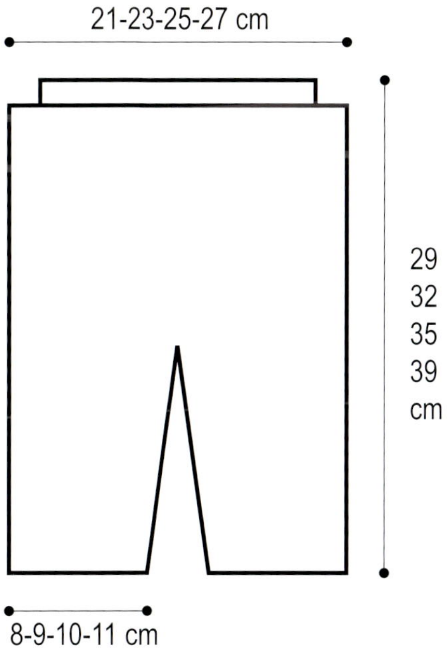

Ensemble

Thème Trousseau Jaune *(Taille 0, 1, 3, 6 mois)*

Pull *Thème Irlandais* *(Taille 3, 6, 12, 24 mois)*

FOURNITURES

- 6-6-8-8 pelotes de laine Bergère de France CACHEMIRE Beige Délicat
- 1 paire d'aiguilles n° 3
- 1 paire d'aiguilles n° 3,5
- 1 aiguille à torsades
- 3 boutons beige 4 trous Ø 10 mm
- 1 aiguille à laine

POINTS EMPLOYÉS

- Côtes 2/2
- Point de riz
- Jersey envers
- Torsade B
- Point d'alvéoles

ÉCHANTILLONS

Important : Tricotez avec des aiguilles plus fines si vous obtenez moins de m. et de rangs que ces échantillons. Tricotez avec des aiguilles plus grosses dans le cas contraire.
10 cm en jersey endroit aiguilles n°3,5 = 21 m. et 28 rangs.
10 cm dans les différents points aiguilles n°3,5 = 27 m. et 32 rangs.

RÉALISATION

Dos :

Montez 58-62-66-74 m. avec les aiguilles n°3. Tricotez 2 cm (6 rangs) côtes 2/2. Continuez avec les aiguilles n°3,5 dans les différents points en répartissant 6-8-10-10 augmentations au 1er rang et en tricotant :
6-9-12-16 m. point de riz, 2 m. jersey envers, 1 m. glissée (voir lexique), 2 m. jersey envers, 8 m. torsade B (voir lexique), 2 m. jersey envers, 1 m. glissée, 2 m. jersey envers, 16 m. point d'alvéoles (voir lexique), 2 m. jersey envers, 1 m. glissée, 2 m. jersey envers, 8 m. torsade B, 2 m. jersey envers, 1 m. glissée, 2 m. jersey envers, 6-9-12-16 m. point de riz (répartissez les augmentations dans les torsades et le point d'alvéoles).
On obtient 64-70-76-84 m.

Emmanchures :
À 15-17-19-22 cm (48-54-62-70 rangs) de hauteur totale, rabattez 3 m. de chaque côté.
Il reste 58-64-70-78 m.

Encolure et épaule droite :
À 23-26-29-33 cm (74-84-94-106 rangs) de hauteur totale, rabattez les 22-24-24-26 m. centrales, continuez chaque côté séparément en rabattant côté encolure tous les 2 rangs : 1 fois 2 m.
À 24-27-30-34 cm (78-88-98-110 rangs) de hauteur totale, laissez les 16-18-21-24 m. de l'épaule droite (au porté) en attente.

Épaule gauche : Continuez sur les m. de gauche en tricotant 16-18-21-24 m. côtes 2/2 avec les aiguilles n° 3,5 pendant 6 rangs, rabattez au rang suivant, mais pour :
3 mois et 24 mois : Commencez et terminez par 3 m. endroit au lieu de 2.
12 mois : Commencez par 3 m. endroit et terminez par 2 m. envers.
Simultanément, au 3e rang ouvrez 2 boutonnières de 1 m. en tricotant 3-4-5-7 m. côtes 2/2, 2 m. ensemble endroit ou envers, 1 jeté, 6-6-7-7 m. côtes 2/2, 2 m. ensemble endroit ou envers, 1 jeté, 3-4-5-6 m. côtes 2/2.

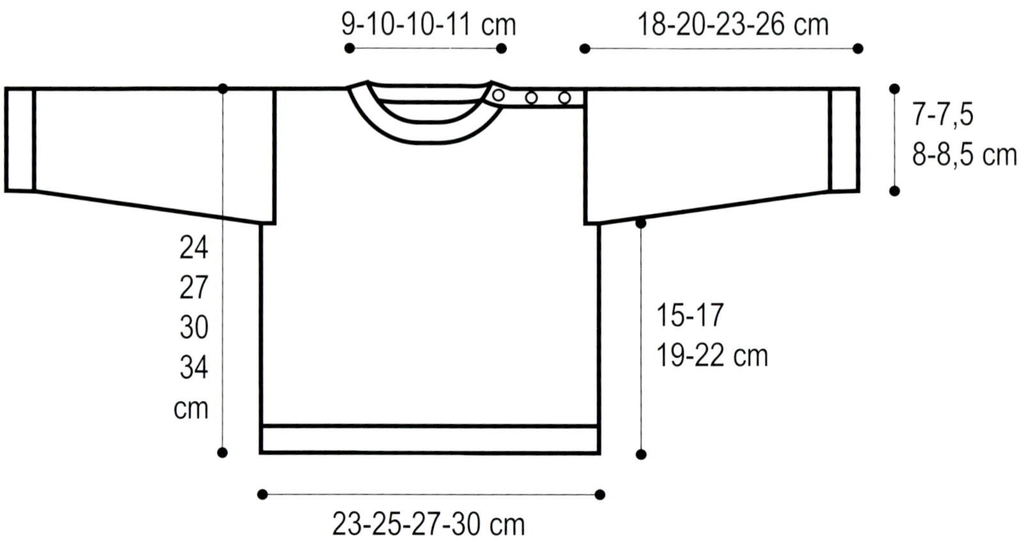

Devant :
Commencez comme le dos.
Emmanchures : Comme au dos.
Encolure :
À 20-23-26-29 cm (64-74-84-92 rangs) de hauteur totale, rabattez les 10-12-12-14 m. centrales, continuez chaque côté séparément en rabattant côté encolure tous les 2 rangs : 1 fois 3 m., 1 fois 2 m., 3 fois 1 m.
Épaules :
À 24-27-30-34 cm (78-88-98-110 rangs) de hauteur totale, à droite rabattez les 16-18-21-24 m. restantes, à gauche laissez en attente les 16-18-21-24 m. restantes.

Manches :
Montez 34-34-38-38 m. avec les aiguilles n° 3. Tricotez 2 cm (6 rangs) côtes 2/2. Continuez avec les aiguilles n° 3,5 dans les différents points en répartissant 2-4-2-4 augmentations au 1er rang et en tricotant 9-10-11-12 m. point de riz, 2 m. jersey envers, 1 m. glissée, 2 m. jersey envers, 8 m. torsade B, 2 m. jersey envers, 1 m. glissée, 2 m. jersey envers, 9-10-11-12 m. point de riz.
Continuez sur les 36-38-40-42 m. obtenues en augmentant de chaque côté à 2 m. du bord :
3 mois : 5 fois 1 m. tous les 8 rangs.
6 mois : 4 fois 1 m. tous les 8 rangs, 3 fois 1 m. tous les 6 rangs.
12 mois : 6 fois 1 m. tous les 8 rangs, 2 fois 1 m. tous les 6 rangs.
24 mois : 5 fois 1 m. tous les 8 rangs, 5 fois 1 m. tous les 6 rangs.
À 18-20-23-26 cm (58-64-74-84 rangs) de hauteur totale, laissez les 46-52-56-62 m. obtenues en attente.

Col :
Montez 72-76-80-84 m. avec les aiguilles n° 3. Tricotez 4 rangs côtes 2/2 en commençant et en terminant par 3 m. endroit et laissez en attente. Mais au 2e rang (sur l'envers du travail), tricotez 67-71-75-79 m. côtes 2/2, 2 m. ensemble endroit, 1 jeté (= 1 boutonnière), 3 m. envers.

Finitions :
Fermez les m. en attente de l'épaule droite en chaînette sur l'envers (voir lexique).
Cousez les manches au point de mailles le long des emmanchures, faîtes la couture des dessous des manches et des côtés du pull. Posez le col au point de mailles (voir lexique) au bord de l'encolure. Cousez les boutons (le 1er sur le col, les 2 autres sur le devant côté gauche).

Blouson et Moufles *Thème Irlandais* *(Taille 3, 6, 12, 24 mois)*

FOURNITURES

- 4-5-5-6 pelotes de laine Bergère de France SPORT Savane
- 1 paire d'aiguilles n° 3
- 1 paire d'aiguilles n° 3,5
- 1 paire d'aiguilles n° 4
- 1 aiguille à torsades
- 1 fermeture séparable de 20-25-25-30 cm
- 1 forme à pompons ∅ 3,5 cm
- 1 crochet n° 3,5
- 1 aiguille à laine

POINTS EMPLOYÉS

- Côtes 1/1 torses
- Point de riz
- Jersey envers
- Jersey endroit
- Torsade **B**
- Torsade **C**
- Point d'alvéoles

ÉCHANTILLONS

Important : Tricotez avec des aiguilles plus fines si vous obtenez moins de m. et de rangs que ces échantillons. Tricotez avec des aiguilles plus grosses dans le cas contraire.
10 cm en jersey endroit aiguilles n°4 = 19 m. et 25 rangs.
10 cm au point de riz aiguilles n°4 = 22 m. et 27 rangs.
10 cm en torsade et point d'alvéoles aiguilles n°4 = 25 m. et 27 rangs.

RÉALISATION DU BLOUSON

Dos :

Montez 55-59-63-71 m. avec les aiguilles n°3,5. Tricotez 3 cm (8 rangs) côtes 1/1 torses (voir lexique). Continuez avec les aiguilles n°4 dans les différents points en répartissant 7-9-11-11 augmentations au 1er rang et en tricotant :
5-8-11-15 m. point de riz, 2 m. jersey envers, 1 m. glissée, 2 m. jersey envers, 8 m. torsade **B** (voir lexique), 2 m. jersey envers, 1 m. glissée (voir lexique), 2 m. jersey envers, 16 m. point d'alvéoles (voir lexique), 2 m. jersey envers, 1 m. glissée, 2 m. jersey envers, 8 m. torsade **B**, 2 m. jersey envers, 1 m. glissée, 2 m. jersey envers, 5-8-11-15 m. point de riz.
On obtient 62-68-74-82 m.
Emmanchures :
À 13-17-17-20 cm (36-46-46-54 rangs) de hauteur totale, rabattez de chaque côté tous les 2 rangs : 1 fois 2 m., 3 fois 1 m.
Continuez sur les 52-58-64-72 m. restantes.
Encolure et épaules :
À 23-28-29-33 cm (64-76-78-88 rangs) de hauteur totale, rabattez de chaque côté tous les 2 rangs :
3 mois : 1 fois 4 m., 1 fois 5 m.
6 mois : 2 fois 5 m.
12 mois : 2 fois 6 m.
24 mois : 2 fois 7 m.
Au rang suivant, rabattez les 34-38-40-44 m. restantes (les 5-6-6-7 m. de chaque côté pour les épaules, les 24-26-28-30 m. centrales pour l'encolure).

Devant gauche:

Montez 29-31-33-37 m. avec les aiguilles n°3,5. Tricotez 3 cm (8 rangs) côtes 1/1 torses. Continuez avec les aiguilles n°4 dans les différents points en répartissant 3-4-5-5 augmentations au 1er rang et en tricotant :
5-8-11-15 m. point de riz, 2 m. jersey envers, 1 m. glissée, 2 m. jersey envers, 8 m. torsade **B**, 2 m. jersey envers, 1 m. glissée, 2 m. jersey envers, 8 m. point d'alvéoles, 1 m. jersey endroit.
On obtient 32-35-38-42 m.
Emmanchure : À droite, comme au dos.
Encolure :
À 20-25-26-30 cm (56-68-70-80 rangs) de hauteur totale, rabattez à gauche tous les 2 rangs : 1 fois 6-7-8-9 m., 1 fois 3 m., 1 fois 2 m., 2 fois 1 m.
Épaule :
A droite, comme au dos.

Devant droit:

Tricotez comme le devant gauche, en sens inverse (1er rang dans les différents points = 1 m. jersey endroit, 8 m. point d'alvéoles, 2 m. jersey envers, 1 m. glissée, 2 m. jersey envers, 8 m. torsade **B**, 2 m. jersey envers, 1 m. glissée, 2 m. jersey envers, 5-8-11-15 m. point de riz).

Manches :

Montez 39-41-43-45 m. avec les aiguilles n°3,5. Tricotez 3 cm (8 rangs) côtes 1/1 torses. Continuez avec les aiguilles n°4 en répartissant 3 augmentations au 1er rang et en tricotant 12-13-14-15 m. point de riz, 2 m. jersey envers, 1 m. glissée, 2 m. jersey envers, 8 m. torsade **B**, 2 m. jersey envers, 1 m. glissée, 2 m. jersey envers, 12-13-14-15 m. point de riz.
Continuez sur les 42-44-46-48 m. obtenues en augmentant de chaque côté à 1 m. du bord (les augmentations sont tricotées point de riz):
3 mois : 4 fois 1 m. tous les 6 rangs.
6 mois : 5 fois 1 m. tous les 6 rangs.
12 mois : 6 fois 1 m. tous les 6 rangs.
24 mois : 3 fois 1 m. tous les 8 rangs, 4 fois 1 m. tous les 6 rangs.
On obtient 50-54-58-62 m.
À 15-17-20-24 cm (40-46-54-66 rangs) de hauteur totale, rabattez de chaque côté tous les 2 rangs : 1 fois 2 m., 3 fois 1 m. et laissez les 40-44-48-52 m. en attente.

Capuche :

Montez 95-103-111-119 m. avec les aiguilles n°3,5. Tricotez 2 cm (6 rangs) côtes 1/1 torses. Continuez avec les aiguilles n°4 dans les différents points en répartissant 9 augmentations au 1er rang et en tricotant :

26-30-34-38 m. point de riz, 2 m. jersey envers, 1 m. glissée, 2 m. jersey envers, 8 m. torsade **B**, 2 m. jersey envers, 1 m. glissée, 2 m. jersey envers, 16 m. point d'alvéoles, 2 m. jersey envers, 1 m. glissée, 2 m. jersey envers, 8 m. torsade **B**, 2 m. jersey envers, 1 m. glissée, 2 m. jersey envers, 26-30-34-38 m. point de riz.
Tricotez 2 rangs sur les 104-112-120-128 m. obtenues, puis dès le rang suivant rabattez de chaque côté
3 mois : tous les 4 rangs 3 fois 1 m., tous les 2 rangs 1 fois 1 m., 1 fois 2 m.
6 mois : tous les 4 rangs 4 fois 1 m., tous les 2 rangs 1 fois 2 m.
12 mois : tous les 6 rangs 1 fois 1 m., tous les 4 rangs 3 fois 1 m., tous les 2 rangs 1 fois 2 m.
24 mois : tous les 6 rangs 2 fois 1 m., tous les 4 rangs 2 fois 1 m., tous les 2 rangs 1 fois 2 m.
Continuez droit sur les 92-100-108-116 m. restantes pendant 6,5-7-7,5-8 cm (18-20-22-24 rangs), puis laissez en attente de chaque côté tous les 2 rangs 6 fois 4 m. et les 44-52-60-68 m. centrales.

Bandes de finition (2) : Monter 6 m. avec les aiguilles n° 3. Tricotez jersey endroit pendant 59-73-73-87 rangs et rabattez au rang suivant.

Finitions :

Fermez les m. en attente de la capuche en chaînette sur l'envers (voir lexique).
Assemblez les épaules. Cousez au point de mailles (voir lexique) les m. en attente de chaque manche au bord des emmanchures, puis faîtes la couture des petits côtés.
Terminez la couture des côtés et des dessous de manches. Cousez la capuche au bord de l'encolure.
Cousez la fermeture le long des devants, puis cousez une bande de finition à l'intérieur de chaque devant pour recouvrir le ruban de la fermeture.
Réalisez 2 pompons, les reliez entre eux par une chaînette au crochet de 5 cm environ et cousez au sommet de la capuche.

Blouson et Moufles

Thème Irlandais *(Taille 3, 6, 12, 24 mois)*

RÉALISATION DES MOUFLES

MOUFLE GAUCHE :
Monter 27-29-31-33 m. avec les aiguilles n° 3,5. Tricotez 6 rangs côtes 1/1 torses. Continuez avec les aiguilles n° 4 en tricotant 17-18-19-20 m. jersey endroit, 8 m. torsade **C** (voir lexique) en répartissant 2 augmentations au 1er rang, 4-5-6-7 m. jersey endroit (on obtient 29-31-33-35 m.).

Pouce :
Au 3e rang, augmentez 1 m. de chaque côté de la m. endroit centrale (= tricoter 14-15-16-17 m., 1 augmentation, 1 m. endroit, 1 augmentation, 14-15-16-17 m.)
Répétez ces augmentations encore 3-3-4-4 fois tous les 2 rangs en tricotant à chaque fois 2 m. de plus entre elles (= au 2e rang suivant, tricotez 14-15-16-17 m., 1 augmentation, 3 m. endroit, 1 augmentation, 14-15-16-17 m. etc.), puis au 2e rang suivant, laissez les 9-9-11-11 m. obtenues en attente sur 1 fil et montez 2 nouvelles m. à la place.
Tricotez 2-4-8-12 rangs sur les 30-32-34-36 m. restantes.
Au rang suivant, tricotez 1 m. endroit, 1 surjet simple, 8-9-10-11 m. endroit, 2 m. ensemble endroit, 2 m. endroit (= les 2 m. montées), 1 surjet simple, 1 m. endroit, 8 m. torsade **C**, 1-2-3-4 m. endroit, 2 m. ensemble endroit, 1 m. endroit (= 4 diminutions).
Répétez ces diminutions encore 3 fois tous les 2 rangs.
Au 2e rang suivant, tricotez 2 fois 2 m. ensemble endroit avec les 4 m. croisées de la torsade.
Tricotez 1 rang envers sur les 12-14-16-18 m. restantes.
Glissez 6-7-8-9 sur la 2e aiguille, pliez en deux endroit contre endroit et à l'aide d'une 3e aiguille, fermez les m. en chaînette (voir lexique).
Reprenez les 9-9-11-11 m. en attente du pouce et tricotez 2-4-6-8 rangs jersey endroit aiguilles n° 4.
Coupez le fil, le passer au travers des m. et serrez.
Faîtes la couture du pouce et du côté de la moufle.

MOUFLE DROITE :
Comme la moufle gauche mais en inversant les points après les côtes :
Tricotez 4-5-6-7 m. jersey endroit, 8 m. torsade **C** en répartissant 2 augmentations au 1er rang, 17-18-19-20 m. jersey endroit (on obtient 29-31-33-35 m.).

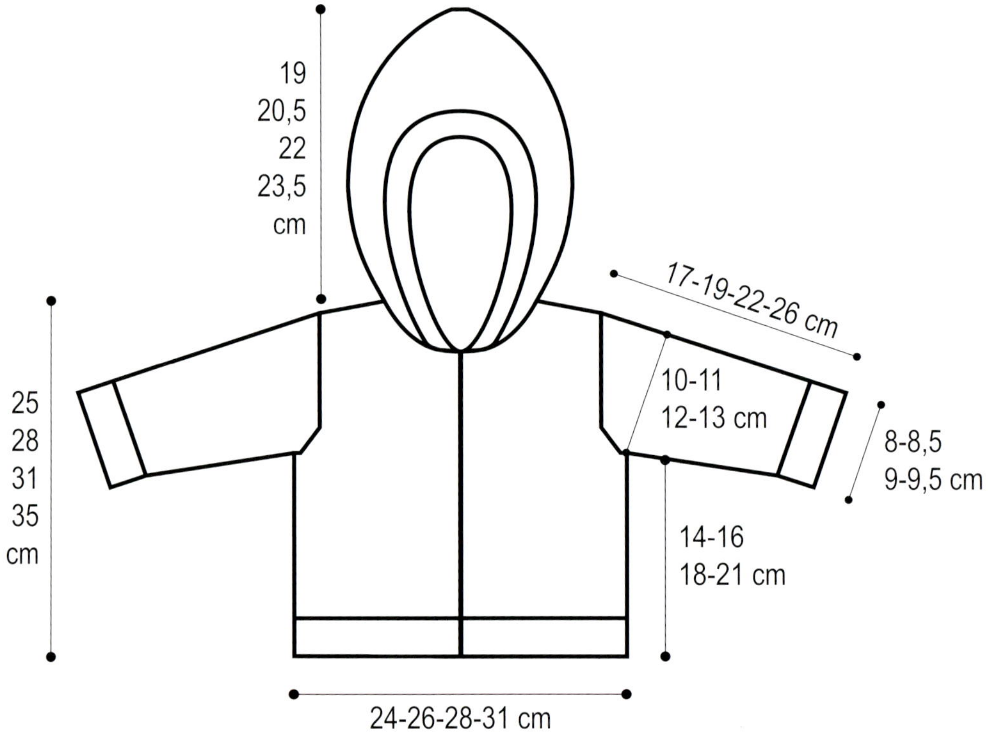

Béret et Écharpe

Thème Irlandais *(Taille 3, 6, 12, 24 mois)*

FOURNITURES

- 4-4-6-6 pelotes de laine Bergère de France CACHEMIRE Rouge Luxe
- 1 pelote de laine Bergère de France CACHEMIRE Beige Délicat
- 1 paire d'aiguilles n° 3
- 1 paire d'aiguille n°3,5
- 1 forme à pompons Ø 3,5 mm.
- 1 aiguille à laine

POINTS EMPLOYÉS

- Jersey endroit double
- Jersey endroit
- Point mousse

ÉCHANTILLONS

Important : Tricotez avec des aiguilles plus fines si vous obtenez moins de m. et de rangs que ces échantillons. Tricotez avec des aiguilles plus grosses dans le cas contraire.
10 cm en jersey endroit aiguilles n° 3,5 = 21 m. et 28 rangs.
10 cm en jersey endroit double aiguilles n° 3 = 40 m. et 50 rangs.

RÉALISATION DU BÉRET

Montez 128-134-140-146 m. Rouge Luxe avec les aiguilles n° 3. Tricotez 14 rangs jersey endroit double (voir lexique).
Continuez jersey endroit avec les aiguilles n° 3,5 en tricotant : 8-8-10-12 rangs Rouge Luxe, 2 rangs Beige Délicat.
Terminez Rouge Luxe : 2 rangs point mousse, puis jersey endroit en tricotant comme suit : 10-10-11-12 m. endroit, * 1 double diminution (voir lexique), 18-19-20-21 m. endroit *, tricotez 5 fois de * à *, 1 double diminution, 10-11-11-11 m. endroit (= 12 diminutions).
Répétez ces diminutions encore 3-3-4-4 fois tous les 4 rangs, 6 fois tous les 2 rangs en tricotant à chaque fois 1 m. de moins au début et à la fin du rang et 2 m. de moins entre chaque double diminution.
Tricotez 1 rang envers après le dernier rang de diminutions. Coupez le fil et le passer au travers des 8-14-8-14 m. restantes, serrez et faîtes la couture.
Réalisez un pompon Beige Délicat et le fixez au sommet du béret.

RÉALISATION DE L'ÉCHARPE

L'écharpe terminée mesure environ 10 cm de large et 80-80-90-90 cm de long.
Montez 40 m. Rouge Luxe avec les aiguilles n° 3,5. Tricotez jersey endroit double.
À 80-80-90-90 cm (400-400-450-450 rangs) de hauteur totale, rabattez les m. sur l'endroit du travail en les tricotant toutes ensemble 2 par 2.

Poncho

Thème Jacquard *(Taille 3, 6, 12, 24 mois)*

FOURNITURES

- 2-2-3-3 pelotes de laine Bergère de France IDÉAL Pavot
- 1 pelote de laine Bergère de France IDÉAL Calanque
- 1 paire d'aiguilles n° 3
- 1 paire d'aiguilles n° 3,5
- 1 aiguille à laine

POINTS EMPLOYÉS

- Point mousse
- Jersey endroit
- Jacquard : Suivre la grille jacquard Poncho, après la m. 28 reprenez à la m. 1

ÉCHANTILLONS

Important : Tricotez avec des aiguilles plus fines si vous obtenez moins de m. et de rangs que ces échantillons.
Tricotez avec des aiguilles plus grosses dans le cas contraire.
10 cm en jersey endroit aiguilles n°3,5 = 24 m. et 31 rangs
10 cm en jersey endroit et jacquard aiguilles n°3,5 = 25,5 m. et 26 rangs

RÉALISATION

1ère partie :
Montez 93-103-115-133 m. Pavot avec les aiguilles n° 3. Tricotez 2 rangs point mousse, continuez avec les aiguilles n° 3,5 : 2 rangs Pavot, 2 rangs Calanque, 4 rangs Pavot en tricotant 2 m. point mousse, 89-99-111-129 m. jersey endroit, 2 m. point mousse.
Tricotez ensuite 16 rangs jacquard en suivant la grille jacquard Poncho sur les 89-99-111-129 m. centrales (tricotez toujours les 2 m. de bordure point mousse). Commencez le 1er rang par :
3 mois : 3 m. endroit Pavot, puis la m. 6 de la grille.
6 mois : 3 m. endroit Pavot, puis la m. 1 de la grille.
12 mois : 3 m. endroit Pavot, puis la m. 16 de la grille.
24 mois : 3 m. endroit Pavot, puis la m. 17 de la grille.
Terminez par 3 m. endroit Pavot.
Tricotez ensuite 2 m. point mousse, 89-99-111-129 m. jersey endroit, 2 m. point mousse comme suit : 4 rangs Pavot, 2 rangs Calanque. Continuez en tricotant 26-30-38-50 rangs Pavot en répartissant 6-6-6-7 diminutions au 1er rang, terminez par 2 rangs point mousse avec les aiguilles n° 3.
Rabattez les 87-97-109-126 m. restantes.
2e partie :
Tricotez comme la 1ère partie.

FINITIONS :

Faîtes la couture d'un petit côté d'une partie avec les 19-21-24-28 premiers cm d'un grand côté de la 2e partie (côté Pavot), puis la couture du petit côté resté libre de cette 2e partie avec les 19-21-24-28 derniers cm du grand côté de la 1ère partie.
Préparer des franges Pavot (voir lexique) de 14 cm de longueur environ et les nouer au bas du poncho en les espaçant régulièrement.

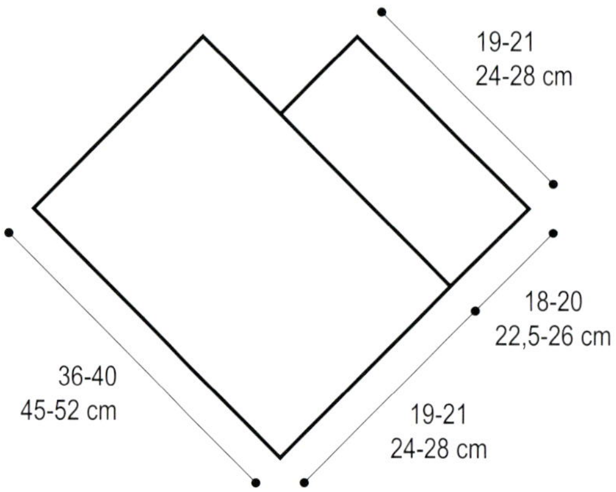

Grille jacquard Poncho

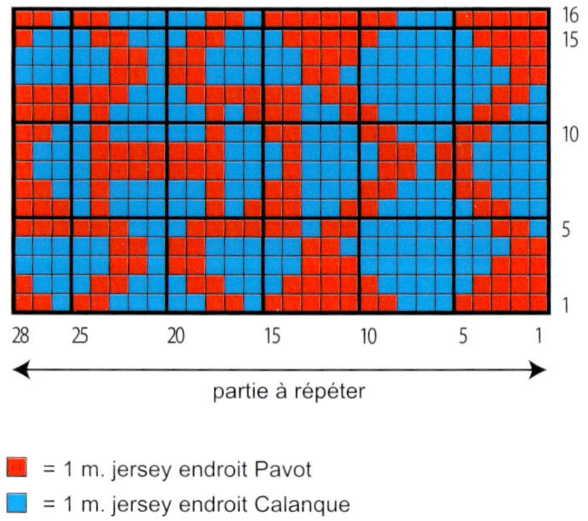

Robe & Bonnet *Thème Jacquard* *(Taille 3, 6, 12, 24 mois)*

FOURNITURES

- 4-4-5-5 pelotes de laine Bergère de France IDÉAL Pavot
- 1 pelote de laine Bergère de France IDÉAL Calanque
- 1 pelote de laine Bergère de France IDÉAL Vitamine
- 1 pelote de laine Bergère de France IDÉAL Jaune
- 1 paire d'aiguilles n° 3
- 1 paire d'aiguilles n° 3,5
- 2 boutons rouge Ø 12 mm.
- 1 forme à pompons Ø 4,5 mm
- 1 aiguille à laine

POINTS EMPLOYÉS

- Point mousse
- Jersey endroit
- Jacquard : Suivre les grilles.

Pour les petits motifs, préparez des pelotons de chaque couleur et tricoter en croisant les fils à chaque changement de couleur.
Pour le bonnet, après la m. 24 reprenez à la m. 1.

ÉCHANTILLONS

Important : Tricotez avec des aiguilles plus fines si vous obtenez moins de m. et de rangs que ces échantillons. Tricotez avec des aiguilles plus grosses dans le cas contraire.
10 cm en jersey endroit aiguilles n° 3,5 = 24 m. et 31 rangs.
10 cm en jersey endroit et jacquard aiguilles n° 3,5 = 25,5 m. et 26 rangs.

RÉALISATION DE LA ROBE

Dos :

Montez 75-83-91-99 m. Pavot avec les aiguilles n° 3. Tricotez en suivant la grille selon la taille choisie. Attention, toutes les tailles commencent par 2 rangs point mousse Pavot (seuls ceux de la taille 24 mois sont dessinés sur la grille, pour les autres tailles, ils sont représentés par 2 rangs jersey endroit).
Continuez avec les aiguilles n° 3,5 pendant 14 rangs, puis diminuez de chaque côté à 2 m. du bord :
3 mois : 7 fois 1 m. tous les 6 rangs, 2 fois 1 m. tous les 4 rangs.
6 mois : 7 fois 1 m. tous les 6 rangs, 4 fois 1 m. tous les 4 rangs.
12 mois : 7 fois 1 m. tous les 6 rangs, 6 fois 1 m. tous les 4 rangs.
24 mois : 12 fois 1 m. tous les 6 rangs, 1 fois 1 m. tous les 4 rangs.
Pour diminuer 1 m. à 2 m. du bord : à droite, tricotez 2 m. endroit, 2 m. ensemble endroit, continuez le rang et lorsqu'il ne reste plus que 4 m. à tricoter à gauche, tricotez 1 surjet simple, 2 m. endroit.
Tricotez encore 3 rangs sur les 57-61-65-73 m. restantes, puis les laissez en attente.

Manche droite et ouverture :
Au rang suivant, montez 10 m. Pavot (pour la manche droite), reprenez les 31-33-35-39 premières m. des m. en attente (laissez les 26-28-30-34 m. de gauche en attente) et tricotez comme suit sur les 41-43-45-49 m. obtenues : 2 m. point mousse Pavot, 34-36-38-42 m. jersey endroit ou jacquard en suivant la grille, 5 m. point mousse Pavot (pour la bordure d'ouverture).
Attention, les 2 m. point mousse en bordure de manche ne sont dessinées que pour la taille 24 mois, de même que les 5 m. point mousse de la bordure ne sont pas dessinées sur la grille. Il convient par ailleurs de ne pas tricoter le motif X couleur Vitamine (il ne sera à tricoter que sur le devant).

Boutonnières :
Au 13e-15e-17e-17e rang de hauteur de point mousse (comptabilisés sur la bordure de 5 m. point mousse), réalisez une boutonnière de 1 m. en tricotant 1 m. endroit, 2 m. ensemble endroit, 1 jeté, 2 m. endroit.
Réalisez une seconde boutonnière espacée de 6-6-6-8 rangs.

Épaule droite et encolure :
À 32-36-40-45 cm (87-97-107-119 rangs) de hauteur totale, rabattez à gauche (côté encolure) tous les 2 rangs : 1 fois 14-15-16-17 m., 1 fois 2 m.
Au rang suivant, laissez les 25-26-27-30 m. restantes en attente pour l'épaule.

Manche gauche et ouverture :
Relevez 5 m. Pavot derrière les 5 m. point mousse du côté droit, reprenez les 26-28-30-34 m. laissées en attente à gauche, montez 10 m. Pavot (pour la manche gauche).
Tricotez comme pour la manche droite et ouverture mais en sens inverse (= 5 m. point mousse Pavot à droite et 2 m. point mousse Pavot à gauche) sur les 41-43-45-49 m. obtenues.

Épaule gauche et encolure :
À 32-36-40-45 cm de hauteur totale, rabattez à droite (côté encolure) tous les 2 rangs : 1 fois 14-15-16-17 m., 1 fois 2 m.
Au rang suivant, laissez les 25-26-27-30 m. restantes en attente pour l'épaule.

Devant :

Montez 75-83-91-99 m. Pavot avec les aiguilles n° 3. Tricotez 2 rangs point mousse, puis continuez avec les aiguilles n° 3,5 comme au dos, en suivant la grille, jusqu'aux emmanchures.

Manches :
À 24-27-30-34 cm (64-72-80-90 rangs) de hauteur totale, montez 10 m. Pavot de chaque côté des 57-61-65-73 m. restantes pour les manches.
Continuez en suivant la grille sur les 77-81-85-93 m. obtenues (tricotez 2 m. point mousse Pavot au début et à la fin du rang pour la bordure des manches).

Encolure :
À 29-33-37-41 cm (78-88-98-108 rangs) de hauteur totale, rabattez les 13-15-17-19 m. centrales, puis de chaque côté tous les 2 rangs : 1 fois 3 m., 1 fois 2 m., 2 fois 1 m.

Épaules :
À 33-37-41-46 cm (90-100-110-122 rangs) de hauteur totale, laissez les 25-26-27-30 m. restantes de chaque côté en attente.

Col :
Montez 75-81-87-93 m. Pavot avec les aiguilles n° 3. Tricotez 3 rangs point mousse et laissez les m. en attente.

Finitions :
Fermez les m. en attente des épaules en chaînette sur l'envers (voir lexique). Faîtes les coutures de côté et de dessous de bras.
Posez le col au point de mailles au bord de l'encolure (voir lexique) et cousez les 2 boutons au dos de la robe sur le côté gauche en vis-à-vis des boutonnières.

RÉALISATION DU BONNET

Montez 83-91-101-101 m. Pavot avec les aiguilles n° 3. Tricotez 4 rangs point mousse.
Continuez avec les aiguilles n° 3,5 comme suit : 2-4-6-8 rangs jersey endroit Pavot, 9 rangs jacquard en commençant par :
3 mois : 3 m. Pavot, puis en suivant la grille à partir de la m. 11 et en terminant par la m. 15 et 3 m. Pavot.
6 mois : 3 m. Pavot, puis en suivant la grille à partir de la m. 7 et en terminant par la m. 19 et 3 m. Pavot.
12 et 24 mois : 3 m. Pavot, puis en suivant la grille à partir de la m. 2 et en terminant par la m. 24 et 3 m. Pavot.
Terminez jersey endroit Pavot. Entre-temps, diminuez comme suit :
3mois : Au 17e rang, tricotez 1 m. endroit, * 2 m. ensemble endroit, 7 m. endroit *, tricotez 9 fois de * à *, mais terminez par 8 m. endroit au lieu de 7.
Répétez ces diminutions encore 2 fois tous les 6 rangs, 3 fois tous les 4 rangs, 1 fois tous les 2 rangs en tricotant à chaque fois 1 m. de moins entre elles.
Au 2e rang suivant, tricotez toutes les m. ensemble endroit 2 par 2, tricotez ensuite 1 rang envers.
Coupez le fil et le passez au travers des 10 m. restantes, serrez et arrêtez. Faîtes la couture.
6mois : Au 21e rang, tricotez 1 m. endroit, * 2 m. ensemble endroit, 7 m. endroit *, tricotez 10 fois de * à *.
Répétez ces diminutions encore 2 fois tous les 6 rangs, 3 fois tous les 4 rangs, 2 fois tous les 2 rangs en tricotant à chaque fois 1 m. de moins entre elles.
Tricotez ensuite 1 rang envers.
Coupez le fil et le passez au travers des 11 m. restantes, serrez et arrêtez. Faîtes la couture.
12mois : Au 25e rang, tricotez 1 m. endroit, * 2 m. ensemble endroit, 7 m. endroit *, tricotez 11 fois de * à *, mais terminez par 8 m. endroit au lieu de 7.
Répétez ces diminutions encore 2 fois tous les 6 rangs, 3 fois tous les 4 rangs, 2 fois tous les 2 rangs en tricotant à chaque fois 1 m. de moins entre elles.
Tricotez ensuite 1 rang envers.

Grille jacquard Bonnet

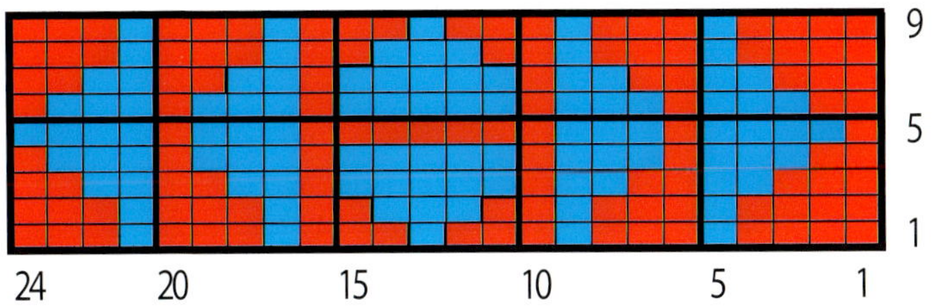

■ = 1 m. jersey endroit Pavot

■ = 1 m. jersey endroit Calanque

Robe & Bonnet

Thème Jacquard *(Taille 3, 6, 12, 24 mois)*

GRILLE DE LA ROBE : 3-6-12-24 mois

- = 1 m. jersey endroit Pavot
- = 1 m. jersey envers Pavot
- = 1 m. jersey endroit Vitamine
- = 1 m. jersey endroit Calanque
- = 1 m. jersey endroit Jaune

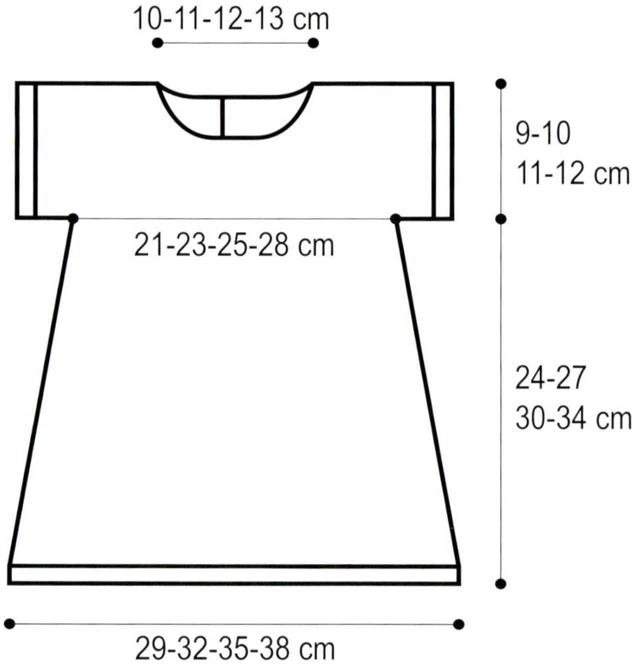

Pull & Bonnet

Thème Marin *(Taille 3, 6, 12, 24 mois)*

FOURNITURES

- 2-2-2-3 pelotes de laine Bergère de France CALINOU Bleu Nuit
- 1 pelote de laine Bergère de France CALINOU Ivoire
- 1 paire d'aiguilles n° 2,5
- 1 paire d'aiguilles n° 3
- 10 anneaux marqueurs,
- 1 forme à pompon Ø 4 cm.
- 1 aiguille à laine

POINTS EMPLOYÉS

- Point mousse
- Jersey endroit
- Point fantaisie : Tricotez * 4 rangs jersey endroit, 2 rangs point mousse *, répétez de * à *.
- Point fantaisie rayé : Tricotez * 4 rangs jersey endroit Ivoire, 2 rangs point mousse Bleu Nuit, 4 rangs jersey endroit Bleu Nuit, 2 rangs point mousse Bleu Nuit *, répétez de * à *.

ÉCHANTILLON

Important : Tricotez avec des aiguilles plus fines si vous obtenez moins de m. et de rangs que cet échantillon. Tricotez avec des aiguilles plus grosses dans le cas contraire.
Un carré de 10 cm tricoté en point fantaisie avec les aiguilles n° 3 = 27 m. et 45 rangs.

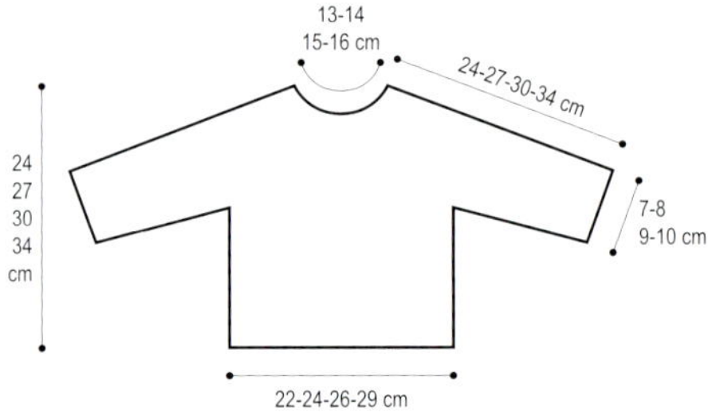

RÉALISATION DU PULL

LE PULL :

Le pull se tricote du haut vers le bas.

DOS :

Montez 43-45-47-51 m. Bleu Nuit avec les aiguilles n° 2,5.
Tricotez 4 rangs point mousse.
Continuez avec les aiguilles n° 3 en tricotant 6 m. point mousse, 31-33-35-39 m. point fantaisie, 6 m. point mousse.
Au rang suivant, glissez 10 anneaux marqueurs comme suit : Tricotez 6 m. endroit, 2-3-4-6 m. envers, * glissez un anneau marqueur sur l'aiguille droite, 3 m. endroit *, tricotez 9 fois de * à *, glissez un anneau marqueur sur l'aiguille droite, 2-3-4-6 m. envers, 6 m. endroit.
Au rang suivant, répartissez 10 augmentations (= faire 1 jeté et le tricoter torse au rang suivant) comme suit : augmentez 1 m. après chacun des 5 premiers anneaux marqueurs et augmentez 1 m. avant chacun des 5 derniers anneaux marqueurs.
Continuez d'augmenter 6-7-8-9 fois 10 m. tous les 6 rangs (= 3e rang jersey endroit du point fantaisie) en augmentant 1 m. après chacun des 5 premiers anneaux et 1 m. avant chacun des 5 derniers anneaux. Mais après le 24e rang point fantaisie, continuer point fantaisie rayé.
À 10-11-12-13 cm de hauteur totale (= 4 rangs point mousse et 42-48-54-60 rangs point fantaisie et point fantaisie rayé), on a terminé les augmentations et on obtient 113-125-137-151 m.
Le tricot se sépare en 3 parties : laissez en attente sur un fil les 27-30-33-36 m. de droite et les 27-30-33-36 m. de gauche pour les manches.
Continuez point fantaisie rayé sur les 59-65-71-79 m. centrales en ajoutant 1 m. de chaque côté (pour les coutures) pendant 10-12-14-17 cm (= 46-54-64-78 rangs). Tricotez encore 7 rangs point mousse Bleu Nuit et rabattez les 61-67-73-81 m. (on rabat sur l'envers du travail).

DEVANT :

Tricotez comme le dos en ouvrant de chaque côté 4 boutonnières de 1 m. à 3 m. du bord (à droite : tricotez 3 m. endroit, 1 jeté, 2 m. ensemble endroit ; à gauche : lorsqu'il reste 5 m. sur l'aiguille gauche, tricotez 2 m. ensemble endroit, 1 jeté, 3 m. endroit), la 1ère à 6 rgs de haut, les autres espacées de 10-12-14-16 rgs.

MANCHE DROITE :

Remettez sur une aiguille les 27-30-33-36 m. laissées en attente à droite du devant en commençant par les 6 m. point mousse et en terminant par les m. point fantaisie.
Remettez sur une autre aiguille les 27-30-33-36 m. laissées en attente à gauche du dos en commençant par les m. point fantaisie et en terminant par les 6 m. point mousse.
Tricotez point fantaisie rayé en ajoutant 1 m. au début du rang (pour la couture) sur les 21-24-27-30 premières m. du devant, superposez les 6 m. point mousse du devant sur les 6 m. point mousse du dos et tricotez ensemble endroit chaque m. de chaque aiguille puis tricotez les 21-24-27-30 m. restantes du dos, terminez en ajoutant 1 m. à la fin du rang (pour la couture).
Continuez sur les 50-56-62-68 m. obtenues en diminuant de chaque côté à 2 m. du bord (Pour diminuer 1 m. à 2 m. du bord : tricotez 2 m. endroit, 2 m. ensemble endroit, continuez le rang et lorsqu'il ne reste plus que 4 m. sur l'aiguille gauche, tricotez 1 surjet simple, 2 m. endroit) :
3 mois : 3 fois 1 m. tous les 12 rangs.
6 mois : 2 fois 1 m. tous les 12 rangs, 2 fois 1 m. tous les 10 rangs.
12 mois : 4 fois 1 m. tous les 10 rangs, 2 fois 1 m. tous les 8 rangs.
24 mois : 7 fois 1 m. tous les 10 rangs.
Après le rang de la dernière diminution, tricotez 9-9-7-7 rangs point fantaisie rayé sur les 44-48-50-54 m. restantes.
Tricotez encore 7 rangs point mousse Bleu Nuit avec les aiguilles n° 2,5 et rabattez toutes les m. (on rabat sur l'envers du travail).

Manche gauche :

Tricotez en sens inverse de la manche droite.

Finitions :

Assemblez le dos et le devant et le dessous des manches.
Cousez les boutons sur les bordures point mousse du dos en vis-à-vis des boutonnières.

RÉALISATION DU BONNET

Montez 98-106-114-122 m. Bleu Nuit avec les aiguilles n° 2,5. Tricotez 4,5 cm (26 rangs) point mousse. Continuez avec les aiguilles n° 3 en tricotant 6 rangs point fantaisie Bleu Nuit, puis point fantaisie rayé.
À 12-13-14-15 cm de hauteur totale (26 rangs point mousse et 34-38-42-48 rangs point fantaisie), tricotez 1 m. endroit, * 2 m. ensemble endroit, 6 m. endroit *, tricotez 12-13-14-15 fois de * à *, terminez par 1 m. endroit.
Tricotez 3 rangs point fantaisie rayé sur les 86-93-100-107 m. restantes.
Au rang suivant, tricotez 1 m. endroit, * 2 m. ensemble endroit, 5 m. endroit *, tricotez 12-13-14-15 fois de * à *, terminez par 1 m. endroit.
Tricotez 3 rangs point fantaisie rayé sur les 74-80-86-92 m. restantes.
Au rang suivant, tricotez 1 m. endroit, * 2 m. ensemble endroit, 4 m. endroit *, tricotez 12-13-14-15 fois de * à *, terminez par 1 m. endroit.
Tricotez 3 rangs point fantaisie rayé sur les 62-67-72-77 m. restantes.
Au rang suivant, tricotez 1 m. endroit, * 2 m. ensemble endroit, 3 m. endroit *, tricotez 12-13-14-15 fois de * à *, terminez par 1 m. endroit.
Tricotez 3 rangs point fantaisie rayé sur les 50-54-58-62 m. restantes.
Au rang suivant, tricotez 1 m. endroit, * 2 m. ensemble endroit, 2 m. endroit *, tricotez 12-13-14-15 fois de * à *, terminez par 1 m. endroit.
Tricotez 3 rang point fantaisie rayé sur les 38-41-44-47 m. restantes.
Au rang suivant, tricotez 1 m. endroit, * 2 m. ensemble endroit, 1 m. endroit *, tricotez 12-13-14-15 fois de * à *, terminez par 1 m. endroit.
Au rang suivant, tricotez toutes les m. 2 par 2 en les tricotant ensemble endroit.
Passez un fil dans les 13-14-15-16 m. restantes. Serrez et arrêtez.
Faîtes la couture du bonnet en prévoyant un revers de 4 cm.
Réalisez 1 pompon de 4 cm de diamètre en Bleu Nuit et fixez le au sommet du bonnet.

Robe

Thème Marin *(Taille 3, 6, 12, 24 mois)*

FOURNITURES

- 1-2-2-2 pelotes de laine Bergère de France COTON FIFTY Nougat,
- 1-1-2-2 pelotes de laine Bergère de France COTON FIFTY Pétrolier
- 1 paire d'aiguilles n° 2,5
- 1 paire d'aiguilles n° 3
- 1 aiguilles à laine
- 2 anneaux marqueurs

POINTS EMPLOYÉS

- Point mousse
- Jersey endroit
- Jersey endroit rayé et point mousse rayé, aiguilles n° 3 : Tricotez * 4 rangs Nougat, 2 rangs Pétrolier *, répétez de * à *.

ÉCHANTILLON

Important : Tricotez avec des aiguilles plus fines si vous obtenez moins de m. et de rangs que cet échantillon. Tricotez avec des aiguilles plus grosses dans le cas contraire.
Un carré de 10 cm tricoté en jersey endroit avec les aiguilles n° 3 = 27 m. et 36 rangs.

RÉALISATION

La robe se tricote du haut vers le bas.

Dos :

Montez 44-47-51-54 m. Nougat avec les aiguilles n° 2,5.
Tricotez 6 rangs point mousse en augmentant 4 m. au 1er rang comme suit : tricotez 10-11-12-13 m. endroit, 1 augmentation (faîtes 1 jeté et tricotez le torse au rang suivant), glissez un anneau marqueur sur l'aiguille droite, 2 m. endroit, 1 augmentation, 20-21-23-24 m. endroit, 1 augmentation, glissez un anneau marqueur sur l'aiguille droite, 2 m. endroit, 1 augmentation, 10-11-12-13 m. endroit.
Continuez d'augmenter 18-20-22-24 fois 4 m. tous les 2 rangs comme suit : tricotez les m. jusqu'au 1er anneau marqueur, 1 augmentation, glissez l'anneau sur l'aiguille droite, tricotez 2 m., 1 augmentation, tricotez les m. jusqu'au 2ème anneau marqueur, 1 augmentation, glissez l'anneau sur l'aiguille droite, tricotez 2 m., 1 augmentation, terminez le rang.

Après les 6 rangs point mousse, tricotez les 6 premières m. et les 6 dernières m. au point mousse rayé et jersey endroit rayé sur les m. centrales
À 9-10-11-12 cm de hauteur totale (38-42-46-50 rangs), on a terminé les augmentations et on obtient 120-131-143-154 m.
Le tricot se sépare en 3 parties : tricotez 30-33-36-39 m. endroit Nougat, laissez en attente les 90-98-107-115 m. restantes.
Tricotez 6 rangs point mousse Nougat sur les 30-33-36-39 m. et rabattez sur l'envers (= bordure de la manche droite).
Reprenez les 30-33-36-39 dernières m. en attente, tricotez 7 rangs point mousse Nougat et rabattez sur l'envers (= bordure de la manche gauche).
Reprenez les 60-65-71-76 m. centrales laissées en attente, ajoutez 1 m. de chaque côté et tricotez 10,5-13-15-17 cm (38-46-54-62 rgs) jersey endroit rayé en augmentant de chaque côté à 2 m. du bord :
3 mois : 3 fois 1 m. tous les 8 rangs, 3 fois 1 m. tous les 10 rangs.
6 mois : 8 fois 1 m. tous les 8 rangs.
12 mois : 9 fois 1 m. tous les 8 rangs.
24 mois : 11 fois 1 m. tous les 8 rangs.
Après le dernier rang jersey endroit rayé (= après 4 rangs Nougat), continuez jersey endroit Pétrolier pendant 6,5-7-8-10 cm (24-26-30-36 rangs).
Continuez point mousse Pétrolier sur les 74-83-91-100 m. obtenues pendant 7 rangs et rabattez sur l'envers.

Devant :

Tricotez comme le dos en ouvrant de chaque côté 4 boutonnières de 1 m. à 3 m. du bord (à droite : tricotez 3 m. endroit, 1 jeté, 2 m. ensemble endroit ; à gauche : lorsqu'il reste 5 m. sur l'aiguille droite, tricotez 2 m. ensemble endroit, 1 jeté, 3 m. endroit), la 1ère boutonnière à 4 rangs de haut, les autres espacées de 12-14-15-16 rangs.

Finitions :

Assemblez le dos et le devant et le dessous des manches.
Cousez les boutons le long des bordures point mousse du dos en vis-à-vis des boutonnières.

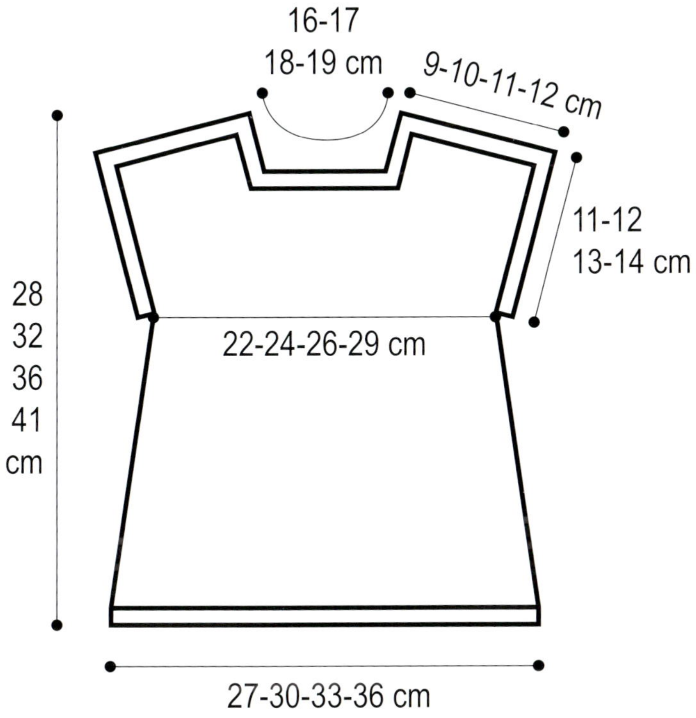
16-17
18-19 cm
9-10-11-12 cm
11-12
13-14 cm
28
32
36
41
cm
22-24-26-29 cm
27-30-33-36 cm

Manteau

Thème Marin *(Taille 3, 6, 12, 24 mois)*

FOURNITURES

- 4-5-5-7 pelotes de laine Bergère de France JASPÉE Lagon
- 1 paire d'aiguilles n° 4
- 4 anneaux marqueurs
- 8 boutons Ø 18 mm
- 1 aiguille à laine

POINTS EMPLOYÉS

- Point mousse
- Jersey endroit
- Point fantaisie : Tricotez * 6 rgs jersey endroit, 4 rgs point mousse *, répétez de * à *.

ÉCHANTILLON

Important : Tricotez avec des aiguilles plus fines si vous obtenez moins de m. et de rangs que cet échantillon. Tricotez avec des aiguilles plus grosses dans le cas contraire.
10 cm tricoté en point fantaisie = 19 m. et 28 rangs.

RÉALISATION

Dos :

Montez 58-62-66-70 m. Tricotez 4 cm (14 rangs) point mousse. Continuez point fantaisie en diminuant de chaque côté à 2 m. du bord :
3 mois : 2 fois 1 m. tous les 6 rangs, 2 fois 1 m. tous les 4 rangs.
6 mois : 1 fois 1 m. tous les 8 rangs, 3 fois 1 m. tous les 6 rangs.
12 mois : 4 fois 1 m. tous les 8 rangs.
24 mois : 4 fois 1 m. tous les 10 rangs.
Pour diminuer 1 m. à 2 m. du bord :
- **à droite** : tricotez 2 m. endroit, 2 m. ensemble endroit
- **à gauche** : lorsqu'il reste 4 m. sur l'aiguille gauche, tricotez 1 surjet simple, 2 m. endroit.

À 15-17-20-23 cm (44-50-58-66 rangs) de hauteur totale, laissez les 50-54-58-62 m. restantes en attente.

Devant gauche :

Montez 35-37-39-41 m. Tricotez 4 cm (14 rangs) point mousse.
Continuez 23-25-27-29 m. point fantaisie et 12 m. point mousse pour la bordure.
Diminuez à droite comme au dos.
À 15-17-20-23 cm (44-50-58-66 rangs) de hauteur totale, laissez les 31-33-35-37 m. restantes en attente.

Devant droit :

Montez 35-37-39-41 m. Tricotez 4 cm (14 rangs) point mousse.
Continuez 12 m. point mousse pour la bordure et 23-25-27-29 m. point fantaisie.
Diminuez à gauche comme au dos.
Mais à 11 cm (34 rangs) de hauteur totale, ouvrir 2 boutonnières : tricotez 3 m. endroit , 1 jeté, 2 m. ensemble endroit, 5 m. endroit, 1 jeté, 2 m. ensemble endroit. Ouvrez 3 fois 2 autres boutonnières en les espaçant de 14-16-20-24 rangs.
À 15-17-20-23 cm (44-50-58-66 rangs) de hauteur totale, laissez les 31-33-35-37 m. restantes en attente.

Manches :

Montez 42-45-48-51 m. Tricotez 4 cm (14 rangs) point mousse. Continuez point fantaisie.
À 11-13-16-19 cm (34-40-48-56 rangs) de hauteur totale, laissez les m. en attente.

Empiècement :

Reprenez les 31-33-35-37 m. laissées en attente au devant gauche, puis les 42-45-48-51 m. d'une manche, les 50-54-58-62 m. du dos, les 42-45-48-51 m. de la seconde manche, et les 31-33-35-37 m. du devant droit.
On obtient 196-210-224-238 m.
Au rang suivant, tricotez (on continue en tricotant les 12 premières m. et les 12 dernières m. point mousse et les m. restantes en point fantaisie) : 29-31-33-35 m. endroit, 1 surjet simple, 2 m. ensemble endroit, 38-41-44-47 m. endroit, 1 surjet simple, 2 m. ensemble endroit, 46-50-54-58 m. endroit, 1 surjet simple, 2 m. ensemble endroit, 38-41-44-47 m. endroit, 1 surjet simple, 2 m. ensemble endroit, 29-31-33-35 m. endroit.
Tricotez 1 rang sur les 188-202-216-230 m. restantes.
Au rang suivant, tricotez 27-29-31-33 m. endroit, 1 surjet simple, glissez un anneau marqueur l'aiguille droite (l'anneau indiquera l'emplacement des diminutions aux rangs suivants), 2 m. endroit, 2 m. ensemble endroit, 34-37-40-43 m. endroit, 1 surjet simple, 1 anneau marqueur, 2 m. endroit, 2 m. ensemble endroit, 42-46-50-54 m. endroit, 1 surjet simple, 1 anneau marqueur, 2 m. endroit, 2 m. ensemble endroit, 34-37-40-43 m. endroit, 1 surjet simple, 1 anneau marqueur, 2 m. endroit, 2 m. ensemble endroit, 27-29-31-33 m. endroit = 8 diminutions.
Continuez en diminuant 8 m. tous les 2 rangs encore 16-17-18-19 fois comme suit : avant chaque anneau marqueur tricotez 1 surjet simple, glissez l'anneau marqueur sur l'aiguille droite et après chaque anneau marqueur tricotez 2 m. endroit, 2 m. ensemble endroit.
Après le dernier rang de diminutions, tricotez encore 3 rangs sur les 52-58-64-70 m. restantes.

Capuche :

Continuez sur les 52-58-64-70 m. en augmentant 2 m. au 1er rang comme suit : 20-22-25-27 m. endroit, 1 augmentation (faire 1 jeté et le tricoter torse au rang suivant), glissez 1 anneau marqueur sur l'aiguille droite (l'anneau indiquera l'emplacement des augmentations aux rangs suivants), 12-14-14-16 m. endroit, 1 anneau marqueur, 1 augmentation, 20-22-25-27 m. endroit.

Tricotez 1 rang sur les 54-60-66-72 m. obtenues.

Continuez en augmentant 1 m. avant le 1er anneau marqueur et 1 m. après le 2e anneau 7 fois tous les 2 rangs.

Après le dernier rang d'augmentations, tricotez 13-14,5-16-17,5 cm (37-41-45-49 rangs) sur les 68-74-80-86 m. obtenues.

Au rang suivant, diminuez 2 m. comme suit : 27-29-32-34 m. endroit, 2 m. ensemble endroit, glissez un anneau marqueur sur l'aiguille droite (l'anneau indiquera l'emplacement des diminutions aux rangs suivants), 10-12-12-14 m. endroit, un anneau marqueur, 1 surjet simple, 27-29-32-34 m. endroit.

Continuez en diminuant 5 fois 2 m. tous les 2 rangs comme suit : tricoter 2 m. ensemble endroit avant le 1er anneau et 1 surjet simple après le 2e anneau.

Tricotez 1 rang sur les 56-62-68-74 m. restantes.

Au rang suivant, tricotez 16-18-18-20 rangs point mousse sur les 12 premières m. (laissez en attente les m. suivantes) et laissez en attente.

Reprenez les m. laissées en attente, rabattez les 9-11-14-16 m. suivantes, tricotez 5-6-7-8 cm (13-16-18-21 rangs) jersey endroit sur les 14-16-16-18 m. suivantes et rabattez (laissez en attente les m. suivantes).

Reprenez les m. laissées en attente, rabattez les 9-11-14-16 m. suivantes, tricotez 16-18-18-20 rangs point mousse sur les 12 dernières m. et laissez en attente.

Finitions :

Assemblez les côtés des devants et du dos, puis les manches.

Assemblez le dessus de la capuche. Assemblez en grafting les 2 bordures au point mousse de la capuche.

Cousez les boutons en vis-à-vis des boutonnières.

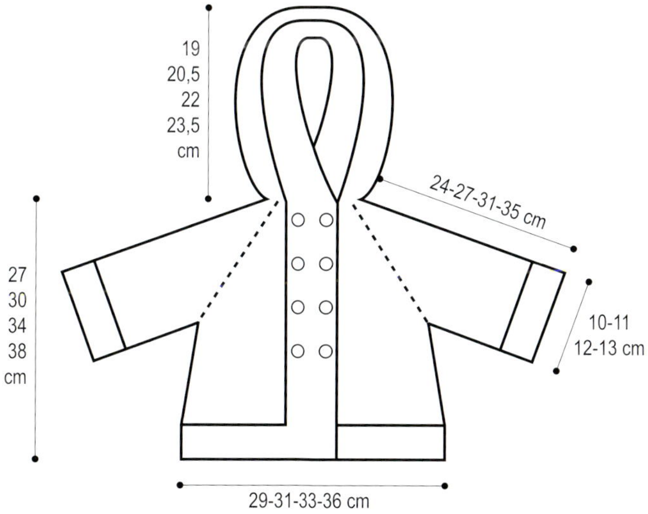

Robe & Bandeau

Thème Été *(Taille 3, 6, 12, 24 mois)*

FOURNITURES

- 3-3-4-5 pelotes de laine Bergère de France COTON FIFTY Nougat
- Un peu de laine Bergère de France COTON FIFTY Turquoise
- 1 paire d'aiguilles n° 3
- 1 crochet n° 3
- 1 aiguille à laine

POINTS EMPLOYÉS

- Point mousse
- Jersey endroit
- Point ajouré **D**

ÉCHANTILLON

Important : Tricotez avec des aiguilles plus fines si vous obtenez moins de m. et de rangs que ces échantillons. Tricotez avec des aiguilles plus grosses dans le cas contraire.
10 cm tricoté en jersey endroit et point ajouré **D** aiguilles n° 3 = 26 m. et 39 rangs.

RÉALISATION DE LA ROBE

Dos :

Montez 73-81-89-97 m. Nougat. Tricotez 2 rangs point mousse, puis * 4 rangs point ajouré **D** (voir lexique), 6 rangs jersey endroit *, répétez de * à *.
Dès le 5e rang jersey endroit, diminuez de chaque côté à 3 m. du bord :
3 mois : 7 fois 1 m. tous les 10 rangs.
6 mois : 8 fois 1 m. tous les 10 rangs.
12 mois : 9 fois 1 m. tous les 10 rangs.
24 mois : 10 fois 1 m. tous les 10 rangs.
Pour diminuer 1 m. à 3 m. du bord : à droite : tricotez 3 m. endroit, 2 m. ensemble endroit, à gauche : lorsqu'il reste 5 m. sur l'aiguille gauche, tricotez 1 surjet simple, 3 m. endroit.
Continuez sur les 59-65-71-77 m. restantes.
Emmanchures : À 20-23-27-31 cm (80-90-106-120 rangs) de hauteur totale, augmentez de chaque côté 1 fois 11 m. Continuez sur les 81-87-93-99 m. obtenues en tricotant les 5 premières et les 5 dernières m. au point mousse pour les bordures (point ajouré **D** et jersey endroit sur les autres m.)
À 29-32-37-42 cm (116-126-146-166 rangs = après 4 rangs point ajouré **D**) de hauteur totale, tricotez 6 rangs point mousse, puis 3 rangs point ajouré **D** comme suit :
3 mois et 12 mois : commencez par 2 m. endroit au lieu d'1 et terminez par 3 m. endroit au lieu de 2.
6 mois et 24 mois : Commencez et terminez comme l'explication.
On obtient 38-42-44-48 jours.
Au rang suivant, rabattez toutes les m.

Devant :

Tricotez comme le dos.

Finitions :

Crochetez 2 chaînettes de 70-72-74-77 cm Turquoise. Passez cette chaînette dans les jours du dernier rang point ajouré **D** pour fermer les épaules (voir le schéma).
Assemblez les côtés du devant et du dos.

RÉALISATION DU BANDEAU

Montez 15 m. Nougat. Tricotez 2 rangs point mousse puis * 4 rangs point ajouré **D**, 2 rangs point mousse * pendant 33-34-35-36 cm.
Au rang suivant, rabattez toutes les m.
Fermez le bandeau en assemblant les petits côtés.

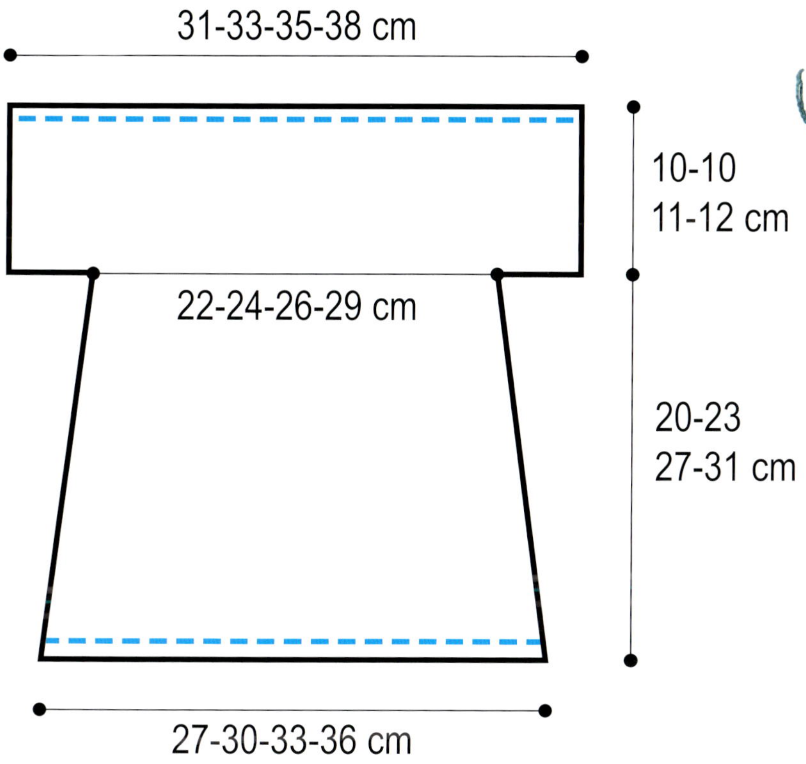

PLACEMENT DES CHAINETTES EN HAUT DU DOS ET DU DEVANT

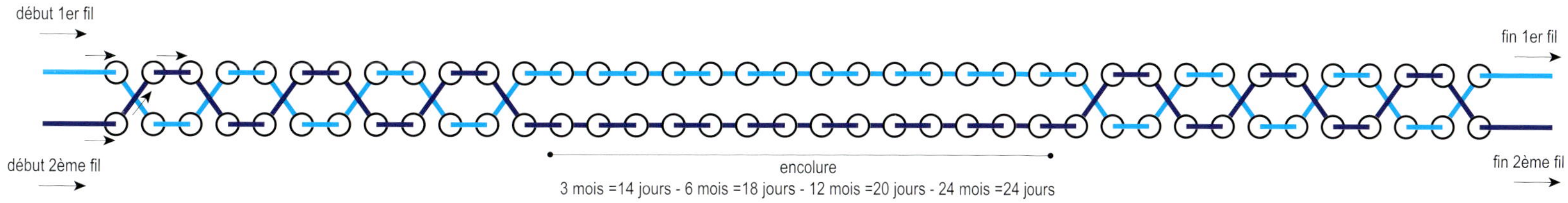

Débardeur & Short *Thème Été* *(Taille 3, 6, 12, 24 mois)*

FOURNITURES

- 3-3-3-4 pelotes de laine Bergère de France ECOTON Paille
- 1 paire d'aiguilles n° 3
- 1 paire d'aiguilles n° 3,5
- 1 aiguille à laine

POINTS EMPLOYÉS

- Point mousse
- Jersey endroit

ÉCHANTILLONS

Important : Tricotez avec des aiguilles plus fines si vous obtenez moins de m. et de rangs que ces échantillons. Tricotez avec des aiguilles plus grosses dans le cas contraire.
10 cm tricoté au point mousse aiguilles n°3,5 = 21 m. et 36 rangs.
10 cm tricoté en jersey endroit aiguilles n°3,5 = 22 m. et 30 rangs.

RÉALISATION DU DÉBARDEUR

Dos :

Montez 46-50-54-60 m. avec les aiguilles n° 3,5. Tricotez point mousse.
Emmanchures : À 14-16-18-21 cm (52-58-66-76 rangs) de hauteur totale, rabattez de chaque côté 1 fois 2 m. puis diminuez de chaque côté à 3 m. du bord 4 fois 1 m. tous les 2 rangs, 2 fois 1 m. tous les 4 rangs.
Pour diminuer 1 m. à 3 m. du bord : à droite : tricotez 3 m. endroit, 2 m. ensemble endroit, **à gauche :** lorsqu'il reste 5 m. sur l'aiguille gauche, tricotez 1 surjet simple, 3 m. endroit.
Continuez point mousse sur les 30-34-38-44 m. restantes.
Encolure : À 21-24-27-31 cm (78-88-98-112 rangs) de hauteur totale, rabattez les 10-12-12-14 m. centrales, continuez chaque côté séparément en diminuant côté encolure à 3 m. du bord 3 fois 1 m. tous les 2 rangs.
Épaules : À 24-27-30-34 cm (88-98-108-122 rangs) de hauteur totale, rabattez les 7-8-10-12 m. restantes.

Devant :

Commencez comme le dos.
Emmanchures : À la même hauteur et comme au dos.
Encolure : À 18-21-24-28 cm (66-76-86-100 rangs) de hauteur totale, rabattez les 6-8-8-10 mailles centrales, continuez chaque côté séparément en diminuant côté encolure à 3 m. du bord 3 fois 1 m. tous les 2 rangs, 2 fois 1 m. tous les 4 rangs.
Épaules : A la même hauteur et comme au dos.

Finitions :

Cousez les épaules.
Assemblez les côtés du devant et du dos.

RÉALISATION DU SHORT

Dos :

Jambe gauche : Montez 24-26-28-30 m. avec les aiguilles n° 3,5. Tricotez 2 rangs point mousse.
Continuez en tricotant 18-20-22-24 m. jersey endroit, 6 m. point mousse.
Dès le 3e rang, augmentez à droite à 2 m. du bord :
3 mois et 6 mois : 3 fois 1 m. tous les 2 rangs.
12 mois et 24 mois : 1 fois 1 m. tous les 4 rangs, 2 fois 1 m. tous les 2 rangs.
À 3-3-4-4 cm (12-12-14-14 rangs) de hauteur totale, laissez en attente les 27-29-31-33 m. obtenues.
Jambe droite : Tricotez en sens inverse.
Reprenez les m. des 2 jambes sur une même aiguille en ajoutant 1 m. entre elles.
Tricotez 6 m. point mousse, 43-47-51-55 m. jersey endroit, 6 m. point mousse pendant 14-16-18-20 cm (42-48-54-60 rangs).
Au rang suivant, tricotez avec les aiguilles n° 3 en répartissant 13 diminutions dans le rang comme suit : tricotez 2-4-6-8 m. endroit, * 2 m. ensemble endroit, 2 m. endroit *, tricotez 13 fois de * à *, terminez par 1-3-5-7 m. endroit.
Continuez sur les 42-46-50-54 m. restantes au point mousse avec les aiguilles n° 3 pendant 4 cm (18 rangs).
Au rang suivant, rabattez toutes les m.

Devant :

Comme le dos.

Finitions :

Faîtes les coutures des côtés et de l'entrejambe.

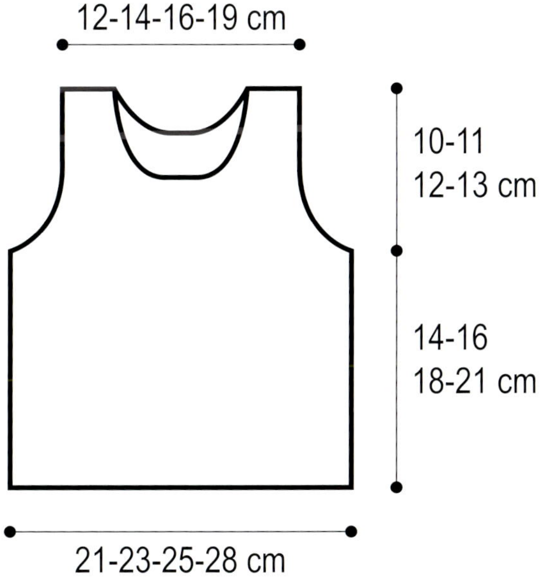
12-14-16-19 cm
10-11
12-13 cm
14-16
18-21 cm
21-23-25-28 cm

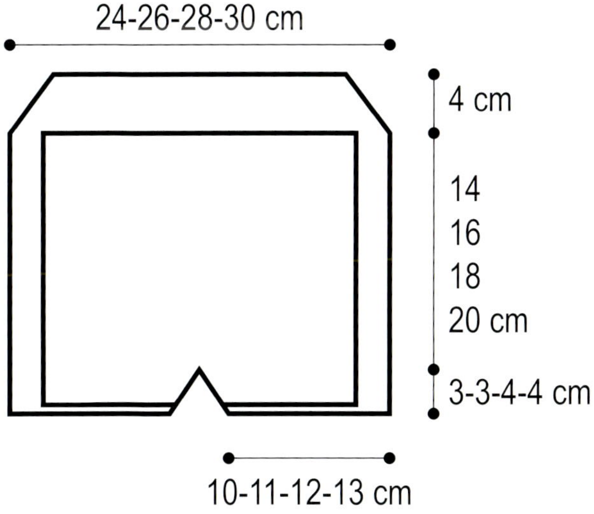
24-26-28-30 cm
4 cm
14
16
18
20 cm
3-3-4-4 cm
10-11-12-13 cm

Gilet

Thème Fille *(Taille 3, 6, 12, 24 mois)*

FOURNITURES

- 2 pelotes de laine Bergère de France MÉRINOS 2,5 Jaune Bébé
- 1 pelote de laine Bergère de France MÉRINOS 2,5 Gris Bébé
- 1 pelote de laine Bergère de France MÉRINOS 2,5 Ciel Bébé
- 1 pelote de laine Bergère de France MÉRINOS 2,5 Écru Bébé
- 1 paire d'aiguilles n° 2
- 1 paire d'aiguilles n° 2,5
- 4 anneaux marqueurs
- 1 aiguille à laine

POINTS EMPLOYÉS

- Côtes 1/1
- Jersey endroit
- Jacquard : suivre les grilles :

jacquard **A** et jacquard **B** (à broder), après la m. 18, reprendre à la m. 1.

ÉCHANTILLON

Important : Tricotez avec des aiguilles plus fines si vous obtenez moins de m. et de rangs que cet échantillon. Tricotez avec des aiguilles plus grosses dans le cas contraire.
10 cm au point de sable aiguilles n° 4 = 22 m. et 28 rangs.

RÉALISATION

Dos :

Montez 77-83-89-97 m. Jaune Bébé avec les aiguilles n° 2. Tricotez 4 rangs côtes 1/1. Continuez avec les aiguilles n° 2,5 en tricotant 2-2-4-4 rangs jersey endroit Jaune Bébé, 19 rangs jacquard en suivant la grille jacquard **A** et en commençant par :
3 mois et 12 mois : la m. 4 de la grille.
6 mois : la m.1 de la grille.
24 mois : la m. 6 de la grille.
Terminez jersey endroit Jaune Bébé.
À 12-14-16-19 cm (48-56-64-74 rangs) de hauteur totale, laissez les m. en attente.

Devant gauche :

Montez 48-52-56-60 m. Jaune Bébé avec les aiguilles n° 2. Tricotez 4 rangs côtes 1/1 (commencez par 1 m. endroit et terminez par 2 m. endroit). Continuez avec les aiguilles n° 2,5 en tricotant pendant 2-2-4-4 rangs Jaune Bébé : 38-42-46-50 m. jersey endroit et 10 m. côtes 1/1 pour la bordure (= *1 m. endroit, 1 m. envers *, tricotez 4 fois de * à *, 2 m. endroit). Continuez en tricotant 19 rangs jacquard en suivant la grille jacquard **A** sur les 38-42-46-50 m. de droite et 10 m. côtes 1/1 Jaune Bébé
Commencez le jacquard par :
3 mois et 24 mois : la m. 5 de la grille.
6 mois : la m. 1 de la grille.
12 mois : la m. 3 de la grille.
Terminez jersey endroit et côtes 1/1 Jaune Bébé.
À 12-14-16-19 cm (48-56-64-74 rangs) de hauteur totale, laissez les m. en attente.

Devant droit :

Montez 48-52-56-60 m. Jaune Bébé avec les aiguilles n° 2. Tricotez 4 rangs côtes 1/1 (commencez par 2 m. endroit et terminez par 1 m. endroit). Continuez avec les aiguilles n° 2,5 en tricotant pendant 2-2-4-4 rangs Jaune Bébé : 10 m. côtes 1/1 pour la bordure (= 2 m. endroit, *1 m. envers, 1 m. endroit *, tricotez 4 fois de * à *), 38-42-46-50 m. jersey endroit. Continuez en tricotant 10 m. côtes 1/1 Jaune Bébé et 19 rangs jacquard en suivant la grille **A** sur les 38-42-46-50 m. de gauche.
Commencez le jacquard par la m. 6 de la grille pour toutes les tailles.
Terminez jersey endroit et côtes 1/1 Jaune Bébé.
À 12-14-16-19 cm (48-56-64-74 rangs) de hauteur totale, laissez les m. en attente.
Mais simultanément commencez à ouvrir les 2-2-2-3 premières des 5 boutonnières à 3 m. du bord :
Tricotez 2 m. endroit, 1 m. envers, 2 m. ensemble endroit, 1 jeté.
3 mois : La 1ère au 7e rang, les suivantes espacées de 22 rangs (= 29e-51e-73e-95e rangs).
6 mois : La 1ère au 9e rang, les suivantes espacées de 26 rangs (= 33e-59e-85e-111e rangs).
12 mois : La 1ère au 11e rang, les suivantes espacées de 28 rangs (= 37e-65e-93e-121e rangs).
24 mois : La 1ère au 7e rang, les suivantes espacées de 32 rangs (= 39e-71e-103e-135e rangs).
Les 2-2-2-3 premières boutonnières se trouvent sur le devant, les autres se trouvent sur l'empiècement.

Manches :

Montez 49-51-53-55 m. Jaune Bébé avec les aiguilles n° 2. Tricotez 4 rangs côtes 1/1. Continuez avec les aiguilles n° 2,5 :
En augmentant de chaque côté à 2 m. du bord :
3 mois : 3 fois 1 m. tous les 6 rangs, 5 fois 1 m. tous les 4 rangs.
6 mois : 3 fois 1 m. tous les 6 rangs, 7 fois 1 m. tous les 4 rangs.
12 mois : 5 fois 1 m. tous les 6 rangs, 7 fois 1 m. tous les 4 rangs.
24 mois : 6 fois 1 m. tous les 6 rangs, 8 fois 1 m. tous les 4 rangs.
Et en tricotant : 2-2-4-4 rangs jersey endroit Jaune Bébé, 19 rangs jacquard en suivant la grille jacquard **A** et en commençant par :
3 mois : la m. 6 de la grille.
6 mois : la m. 5 de la grille.
12 mois : la m. 4 de la grille.
24 mois : la m. 3 de la grille.

Terminez jersey endroit Jaune Bébé.
A 12-14-17-20 cm (48-56-68-78 rangs) de hauteur totale, laissez les 65-71-77-83 m. en attente.

Empiècement : Reprenez sur une même aiguille les 48-52-56-60 m. du devant droit, glissez un anneau marqueur, les 65-71-77-83 m. d'une manche, glissez un anneau marqueur, les 77-83-89-97 m. du dos, glissez un anneau marqueur, les 65-71-77-83 m. de la seconde manche, glissez un anneau marqueur, les 48-52-56-60 m. du devant gauche (= 303-329-355-383 m.) et tricotez :

3 mois :
Sur les m. de droite : 10 m. côtes 1/1 Jaune Bébé en commençant par 2 m. endroit et en continuant les boutonnières à 3 m. du bord.
Sur les m. centrales : 2 rangs jersey endroit Jaune Bébé, 9 rangs jacquard en suivant la grille jacquard **A** du 6e au 14e rang : Commencez le devant droit à la m. 3, chaque manche à la m. 6 et le dos à la m. 6, le devant gauche à la m. 4, 7 rangs jersey endroit Jaune Bébé, 16 rangs jersey endroit Écru Bébé, 7 rangs jersey endroit Jaune Bébé, 9 rangs jacquard en suivant la grille jacquard **A** du 6e au 14e rang (le 1er rang jacquard est sur l'envers du travail) : Commencez le devant gauche à la m. 3, chaque manche à la m. 1, le dos à la m. 1, le devant droit à la m. 5, 2 rangs jersey endroit Jaune Bébé.
Sur les m. de gauche : 10 m. côtes 1/1 Jaune Bébé en terminant par 2 m. endroit.
Mais dès le 1er rang puis tous les 2 rangs, diminuez 26 fois 1 m. avant (= 1 surjet simple) et après (= 2 m. ensemble endroit) chaque anneau marqueur (= 8 diminutions tous les 2 rangs).
Tricotez 4 rangs côtes 1/1 Jaune Bébé avec les aiguilles n° 2 sur les 95 m. restantes et rabattez au rang suivant.

La suite en page suivante >>

Grille Jacquard A

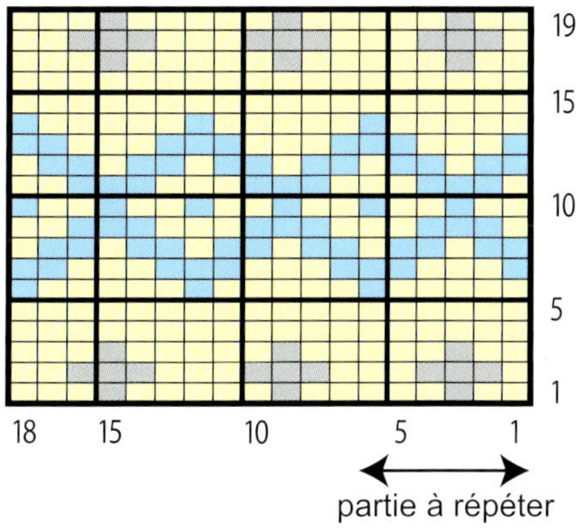

= 1 m. jersey endroit Jaune Bébé

= 1 m. jersey endroit Ciel Bébé

= 1 m. jersey endroit Gris Bébé

Grille Jacquard B

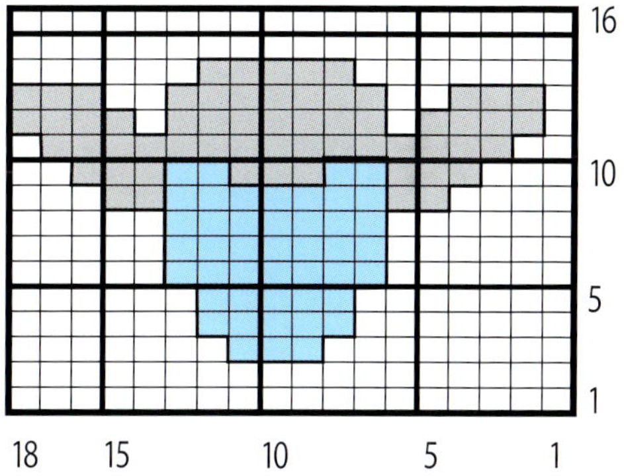

= 1 m. jersey endroit Écru Bébé

= 1 m. brodée Ciel Bébé

= 1 m. brodée Gris Bébé

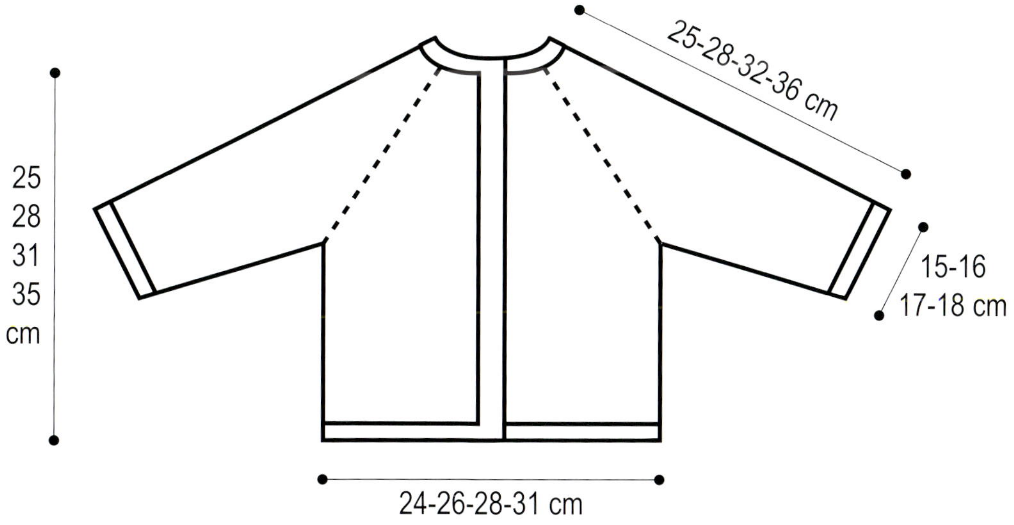

Gilet **Thème Fille** *(Taille 3, 6, 12, 24 mois)*

6 mois :
Sur les m. de droite : 10 m. côtes 1/1 Jaune Bébé en commençant par 2 m. endroit et en continuant les boutonnières à 3 m. du bord.
Sur les m. centrales : 2 rangs jersey endroit Jaune Bébé, 9 rangs jacquard en suivant la grille jacquard **A** du 6e au 14e rang : Commencez le devant droit à la m. 3, chaque manche à la m. 3 et le dos à la m. 3, le devant gauche à la m. 6, 9 rangs jersey endroit Jaune Bébé, 16 rangs jersey endroit Écru Bébé, 9 rangs jersey endroit Jaune Bébé, 9 rangs jacquard en suivant la grille jacquard **A** du 6e au 14e rang (le 1er rang jacquard est sur l'envers du travail) : Commencez le devant gauche à la m. 3, chaque manche à la m. 6, le dos à la m. 6, le devant droit à la m. 3 , 2 rangs jersey endroit Jaune Bébé.
Sur les m. de gauche : 10 m. côtes 1/1 Jaune Bébé en terminant par 2 m. endroit.
Mais dès le 1er rang puis tous les 2 rangs, diminuez 28 fois 1 m. avant (= 1 surjet simple) et après (= 2 m. ensemble endroit) chaque anneau marqueur (= 8 diminutions tous les 2 rangs).
Tricotez 4 rangs côtes 1/1 Jaune Bébé avec les aiguilles n° 2 sur les 105 m. restantes et rabattez au rang suivant.

12 mois :
Sur les m. de droite : 10 m. côtes 1/1 Jaune Bébé en commençant par 2 m. endroit et en continuant les boutonnières à 3 m. du bord.
Sur les m. centrales : 4 rangs jersey endroit Jaune Bébé, 9 rangs jacquard en suivant la grille jacquard **A** du 6e au 14e rang : Commencez le devant droit à la m. 3, chaque manche à la m. 1 et le dos à la m. 1, le devant gauche à la m. 3, 9 rangs jersey endroit Jaune Bébé, 16 rangs jersey endroit Écru Bébé, 9 rangs jersey endroit Jaune Bébé, 9 rangs jacquard en suivant la grille jacquard **A** du 6e au 14e rang (le 1er rang jacquard est sur l'envers du travail) : Commencez le devant gauche à la m. 3, chaque manche à la m. 4, le dos à la m. 4, le devant droit à la m. 6 , 4 rangs jersey endroit Jaune Bébé.
Sur les m. de gauche : 10 m. côtes 1/1 Jaune Bébé en terminant par 2 m. endroit.
Mais dès le 1er rang puis tous les 2 rangs, diminuez 30 fois 1 m. avant (= 1 surjet simple) et après (= 2 m. ensemble endroit) chaque anneau marqueur (= 8 diminutions tous les 2 rangs).
Tricotez 4 rangs côtes 1/1 Jaune Bébé avec les aiguilles n° 2 sur les 115 m. restantes et rabattez au rang suivant.

24 mois :
Sur les m. de droite : 10 m. côtes 1/1 Jaune Bébé en commençant par 2 m. endroit et en continuant les boutonnières à 3 m. du bord.
Sur les m. centrales : 4 rangs jersey endroit Jaune Bébé, 9 rangs jacquard en suivant la grille jacquard **A** du 6e au 14e rang : Commencez le devant droit à la m. 3, chaque manche à la m. 4 et le dos à la m. 3, le devant gauche à la m. 5, 11 rangs jersey endroit Jaune Bébé, 16 rangs jersey endroit Écru Bébé, 11 rangs jersey endroit Jaune Bébé, 9 rangs jacquard en suivant la grille jacquard **A** du 6e au 14e rang (le 1er rang jacquard est sur l'envers du travail) : Commencez le devant gauche à la m. 3, chaque manche à la m. 3, le dos à la m. 2, le devant droit à la m. 4, 4 rangs jersey endroit Jaune Bébé.
Sur les m. de gauche : 10 m. côtes 1/1 Jaune Bébé en terminant par 2 m. endroit.
Mais dès le 1er rang puis tous les 2 rangs, diminuez 32 fois 1 m. avant (= 1 surjet simple) et après (= 2 m. ensemble endroit) chaque anneau marqueur (= 8 diminutions tous les 2 rangs).
Tricotez 4 rangs côtes 1/1 Jaune Bébé avec les aiguilles n° 2 sur les 127 m. restantes et rabattez au rang suivant.

FINITIONS :
Brodez chaque partie de l'empiècement en suivant la grille jacquard **B** sur les 16 rangs jersey endroit Écru Bébé à partir du 3e rang : 1 motif sur chaque devant, 2 motifs sur chaque manche et 3 motifs sur le dos.
3 mois : Devant droit et devant gauche = comptez 11 m. Écru Bébé à partir des côtes, brodez les 3 m. suivantes Ciel Bébé
Manches = Comptez 11 m. Écru Bébé, brodez 3 m. Ciel Bébé, comptez 15 m. Écru Bébé, brodez 3 m. Ciel Bébé.
Dos = Comptez 8 m. Écru Bébé, brodez 3 m. Ciel Bébé, comptez 15 m. Écru Bébé, brodez 3 m. Ciel Bébé, comptez 15 m. Écru Bébé, brodez 3 m. Ciel Bébé.

6 mois : Devant droit et devant gauche = comptez 11 m. Écru Bébé à partir des côtes, brodez les 3 m. suivantes Ciel Bébé
Manches = Comptez 13 m. Écru Bébé, brodez 3 m. Ciel Bébé, comptez 15 m. Écru Bébé, brodez 3 m. Ciel Bébé.
Dos = Comptez 10 m. Écru Bébé, brodez 3 m. Ciel Bébé, comptez 15 m. Écru Bébé, brodez 3 m. Ciel Bébé, comptez 15 m. Écru Bébé, brodez 3 m. Ciel Bébé.

12 mois : Devant droit et devant gauche = comptez 12 m. Écru Bébé à partir des côtes, brodez les 3 m. suivantes Ciel Bébé
Manches = Comptez 15 m. Écru Bébé, brodez 3 m. Ciel Bébé, comptez 15 m. Écru Bébé, brodez 3 m. Ciel Bébé.
Dos = Comptez 12 m. Écru Bébé, brodez 3 m. Ciel Bébé, comptez 15 m. Écru Bébé, brodez 3 m. Ciel Bébé, comptez 15 m. Écru Bébé, brodez 3 m. Ciel Bébé.

24 mois : Devant droit et devant gauche = comptez 14 m. Écru Bébé à partir des côtes, brodez les 3 m. suivantes Ciel Bébé
Manches = Comptez 17 m. Écru Bébé, brodez 3 m. Ciel Bébé, comptez 15 m. Écru Bébé, brodez 3 m. Ciel Bébé.
Dos = Comptez 15 m. Écru Bébé, brodez 3 m. Ciel Bébé, comptez 15 m. Écru Bébé, brodez 3 m. Ciel Bébé, comptez 15 m. Écru Bébé, brodez 3 m. Ciel Bébé.
Faîtes les coutures des côtés et des manches du gilet.
Cousez les boutons en vis-à-vis des boutonnières sur le devant gauche.

Bonnet & Écharpe

Thème Fille *(Taille 3, 6, 12, 24 mois)*

FOURNITURES

- 1 pelote de laine Bergère de France TEDDY Terre
- 3-3-4-4 pelotes de laine Bergère de France MÉRINOS 4 Lotus
- 1 paire d'aiguilles n° 4
- 1 aiguille à laine

POINTS EMPLOYÉS

- Jersey endroit
- Point mousse

ÉCHANTILLONS

Important : Tricotez avec des aiguilles plus fines si vous obtenez moins de m. et de rangs que ces échantillons. Tricotez avec des aiguilles plus grosses dans le cas contraire.
10 cm au point mousse en TEDDY aiguilles n° 4 = 13 m. et 25 rangs.
10 cm en jersey endroit en MÉRINOS 4 aiguilles n° 4 = 22 m. et 28 rangs.

RÉALISATION DU BONNET

Montez 61-65-69-69 m. Terre avec les aiguilles n° 4. Tricotez jersey endroit comme suit : 10-11-12-12 cm (24-28-30-30 rangs) Terre, continuez Lotus en répartissant 12-17-22-22 augmentations au 1er rang (= 73-82-91-91 m.).
Entre-temps, diminuez comme suit :
3 mois : Au 21e rang Lotus, tricotez 1 m. endroit, * 2 m. ensemble endroit, 7 m. endroit *, tricotez 8 fois de * à *. Tricotez 3 rangs sur les 65 m. restantes.
Répétez ces diminutions encore 2 fois tous les 4 rangs, 4 fois tous les 2 rangs.
Au 2e rang suivant, tricotez 1 m. endroit, 8 fois 2 m. ensemble endroit. Tricotez 1 rang envers. Coupez le fil, le passer au travers des 9 m. restantes, serrez et faîtes la couture en prévoyant un revers sur la partie *TEDDY* qui doit être repliée en 3 parties égales (maintenir par quelques points de couture).
6 mois : Au 25e rang Lotus, tricotez 1 m. endroit, * 2 m. ensemble endroit, 7 m. endroit *, tricotez 9 fois de * à *. Tricotez 3 rangs sur les 73 m. restantes.
Répétez ces diminutions encore 3 fois tous les 4 rangs, 3 fois tous les 2 rangs.
Au 2e rang suivant, tricotez 1 m. endroit, 9 fois 2 m. ensemble endroit. Tricotez 1 rang envers. Coupez le fil, le passer au travers des 10 m. restantes, serrez et faîtes la couture en prévoyant un revers sur la partie *TEDDY* qui doit être repliée en 3 parties égales (maintenir par quelques points de couture)..
12 mois : Au 29e rang Lotus, tricotez 1 m. endroit, * 2 m. ensemble endroit, 7 m. endroit *, tricotez 10 fois de * à *. Tricotez 3 rangs sur les 81 m. restantes.
Répétez ces diminutions encore 4 fois tous les 4 rangs, 2 fois tous les 2 rangs.
Au 2e rang suivant, tricotez 1 m. endroit, 10 fois 2 m. ensemble endroit. Tricotez 1 rang envers. Coupez le fil, le passer au travers des 11 m. restantes, serrez et faîtes la couture en prévoyant un revers sur la partie *TEDDY* qui doit être repliée en 3 parties égales (maintenir par quelques points de couture).
24 mois : Au 33e rang Lotus, tricotez 1 m. endroit, * 2 m. ensemble endroit, 7 m. endroit *, tricotez 10 fois de * à *. Tricotez 3 rangs sur les 73 m. restantes.
Répétez ces diminutions encore 4 fois tous les 4 rangs, 2 fois tous les 2 rangs.
Au 2e rang suivant, tricotez 1 m. endroit, 10 fois 2 m. ensemble endroit. Tricotez 1 rang envers. Coupez le fil, le passer au travers des 11 m. restantes, serrez et faîtes la couture en prévoyant un revers sur la partie *TEDDY* qui doit être repliée en 3 parties égales (maintenir par quelques points de couture).

RÉALISATION DE L'ÉCHARPE

Montez 20-20-27-27 m. Terre avec les aiguilles n° 4. Tricotez 6 rangs point mousse. Continuez Lotus en tricotant 4 rangs point mousse en répartissant 5 augmentations au 1er rang (= 25-25-32-32 m.), puis point ajouré **C** (voir lexique) pendant 78-83-88-93 cm. Tricotez ensuite 4 rangs point mousse en répartissant 5 diminutions au dernier rang, puis 6 rangs point mousse Terre. Rabattez au rang suivant.

Gilet

Thème Garçon *(Taille 3, 6, 12, 24 mois)*

FOURNITURES

- 4-4-5-5 pelotes de laine Bergère de France BERGEREINE Marine
- 1 paire d'aiguilles n° 3,5
- 1 paire d'aiguilles n° 4
- 4 boutons 4 trous marine Ø 13 mm.
- 1 aiguille à laine

POINTS EMPLOYÉS

- Côtes 1/1
- Point de sable

ÉCHANTILLON

Important : Tricotez avec des aiguilles plus fines si vous obtenez moins de m. et de rangs que cet échantillon. Tricotez avec des aiguilles plus grosses dans le cas contraire.
10 cm au point de sable aiguilles n° 4 = 22 m. et 28 rangs.

RÉALISATION

Dos :

Montez 53-57-61-67 m. avec les aiguilles n° 3,5. Tricotez 3 cm (8 rangs) côtes 1/1. Continuez point de sable (voir lexique) avec les aiguilles n° 4.

Emmanchures :
À 13-15-17-20 cm (36-42-48-56 rangs) de hauteur totale, rabattez 2 m. de chaque côté. Continuez sur les 49-53-57-63 m. restantes.

Épaules et encolure :
À 23-26-29-33 cm (66-74-82-92 rangs) de hauteur totale, rabattez de chaque côté tous les 2 rangs :
3 mois : 3 fois 5 m.
6 mois : 2 fois 5 m., 1 fois 6 m.
12 mois : 3 fois 6 m.
24 mois : 2 fois 6 m., 1 fois 7 m.
En même temps que la 1ère diminution d'épaule, rabattez les 15-17-17-21 m. centrales, continuez chaque côté séparément en rabattant côté encolure tous les 2 rangs 1 fois 2 m.

Devant gauche :

Montez 23-25-27-30 m. avec les aiguilles n° 3,5. Tricotez 3 cm (8 rangs) côtes 1/1. Continuez point de sable avec les aiguilles n° 4.

Emmanchure :
À 13-15-17-20 cm (36-42-48-56 rangs) de hauteur totale, rabattez 2 m. à droite. Continuez sur les 21-23-25-28 m. restantes.

Encolure :
À 16-18-20-23 cm (44-50-56-64 rangs) de hauteur totale, diminuez à gauche (= tricotez 2 m. ensemble endroit en fin de rang) :
3 mois : 6 fois 1 m. tous les 4 rangs.
6 mois et 12 mois : 7 fois 1 m. tous les 4 rangs.
24 mois : 7 fois 1 m. tous les 4 rangs, 2 fois 1 m. tous les 2 rangs.

Épaule :
À droite, comme au dos.

Devant droit :

Tricotez comme le devant gauche en sens inverse (pour les diminutions d'encolure, commencez le rang par 2 m. ensemble endroit).

Manches :

Montez 35-37-39-41 m. avec les aiguilles n° 3,5. Tricotez 3 cm (8 rangs) côtes 1/1. Continuez point de sable avec les aiguilles n° 4 en augmentant de chaque côté à 1 m. du bord :
3 mois : 6 fois 1 m. tous les 6 rangs.
6 mois : 7 fois 1 m. tous les 6 rangs.
12 mois : 8 fois 1 m. tous les 6 rangs.
24 mois : 3 fois 1 m. tous les 8 rangs, 6 fois 1 m. tous les 6 rangs.
À 18-20-23-27 cm (50-56-64-76 rangs) de hauteur totale, laissez les 47-51-55-59 m. obtenues en attente.

Bordure des devants et de l'encolure :

Montez 137-157-173-189 m. avec les aiguilles n° 3,5. Tricotez 3 cm (8 rangs) côtes 1/1 en commençant et en terminant par 2 m. endroit mais au 4e rang (= envers du travail), ouvrez 4 boutonnières (= tricotez 2 m. ensemble envers, 1 jeté) : la 1ère à 107-121-131-141 m. du bord, les suivantes espacées de 6-8-10-12 m. (la dernière boutonnière se trouve à 4 m. du bord).

Finitions :

Assemblez les épaules. Posez la bordure au point de mailles (voir lexique) au bord de l'encolure et des devants (le côté des boutonnières sur le devant gauche). Posez les manches au point de mailles le long de la partie verticale des emmanchures. Faîtes les coutures des manches et des côtés du gilet. Cousez les boutons en vis-à-vis des boutonnières sur le devant droit.

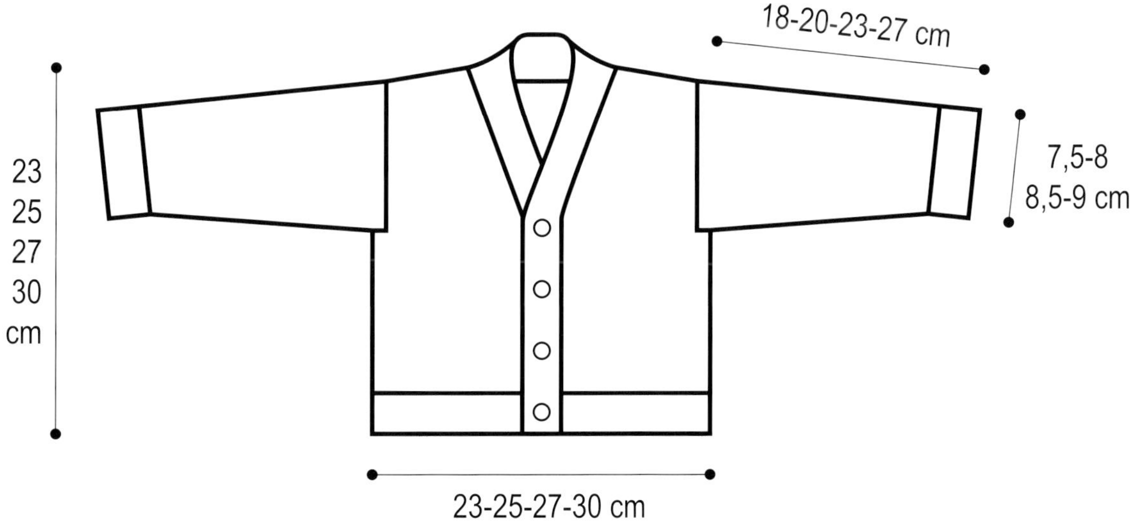
18-20-23-27 cm
23
25
27
30
cm
7,5-8
8,5-9 cm
23-25-27-30 cm

Bonnet & Écharpe

Thème Garçon *(Taille 3, 6, 12, 24 mois)*

FOURNITURES

- 2 pelotes de laine Bergère de France MÉRINOS Matelot
- 1 pelote de laine Bergère de France MÉRINOS Indigo
- 1 paire d'aiguilles n° 4
- 1 aiguille à laine

POINTS EMPLOYÉS

- Côtes 1/1
- Jersey endroit
- Point mousse

ÉCHANTILLONS

Important : Tricotez avec des aiguilles plus fines si vous obtenez moins de m. et de rangs que ces échantillons. Tricotez avec des aiguilles plus grosses dans le cas contraire.
10 cm au point mousse aiguilles n° 4 = 20 m. et 38 rangs.
10 cm en jersey endroit aiguilles n° 4 = 22 m. et 28 rangs.

RÉALISATION DU BONNET

Montez 73-81-91-91 m. Matelot avec les aiguilles n° 4. Tricotez 8-8-9-9 cm (22-22-24-24 rangs) côtes 1/1, continuez jersey endroit rayé en tricotant * 4 rangs Matelot, 4 rangs Indigo *, répétez de * à * et en augmentant 1 m. pour **6 mois** au 1er rang (= 73-82-91-91 m.). Entre-temps, diminuez comme suit :
3 mois : Au 15e rang de jersey endroit rayé, tricotez 1 m. endroit, * 2 m. ensemble endroit, 7 m. endroit *, tricotez 8 fois de * à *. Tricotez 3 rangs sur les 65 m. restantes.
Répétez ces diminutions encore 2 fois tous les 4 rangs, 4 fois tous les 2 rangs.
Au 2e rang suivant, tricotez 1 m. endroit, 8 fois 2 m. ensemble endroit. Tricotez 1 rang envers. Coupez le fil, le passer au travers des 9 m. restantes, serrez et faîtes la couture en prévoyant un revers de 4 cm.
6 mois : Au 19e rang de jersey endroit rayé, tricotez 1 m. endroit, * 2 m. ensemble endroit, 7 m. endroit *, tricotez 9 fois de * à *. Tricotez 3 rangs sur les 73 m. restantes.
Répétez ces diminutions encore 3 fois tous les 4 rangs, 3 fois tous les 2 rangs.
Au 2e rang suivant, tricotez 1 m. endroit, 9 fois 2 m. ensemble endroit. Tricotez 1 rang envers. Coupez le fil, le passer au travers des 10 m. restantes, serrez et faîtes la couture en prévoyant un revers de 4 cm.
12 mois : Au 23e rang de jersey endroit rayé, tricotez 1 m. endroit, * 2 m. ensemble endroit, 7 m. endroit *, tricotez 10 fois de * à *. Tricotez 3 rangs sur les 81 m. restantes.
Répétez ces diminutions encore 4 fois tous les 4 rangs, 2 fois tous les 2 rangs.
Au 2e rang suivant, tricotez 1 m. endroit, 10 fois 2 m. ensemble endroit. Tricotez 1 rang envers. Coupez le fil, le passer au travers des 11 m. restantes, serrez et faîtes la couture en prévoyant un revers de 4 cm.
24 mois : Au 27e rang de jersey endroit rayé, tricotez 1 m. endroit, * 2 m. ensemble endroit, 7 m. endroit *, tricotez 10 fois de * à *. Tricotez 3 rangs sur les 73 m. restantes.
Répétez ces diminutions encore 4 fois tous les 4 rangs, 2 fois tous les 2 rangs.
Au 2e rang suivant, tricotez 1 m. endroit, 10 fois 2 m. ensemble endroit. Tricotez 1 rang envers. Coupez le fil, le passer au travers des 11 m. restantes, serrez et faîtes la couture en prévoyant un revers de 4 cm.

RÉALISATION DE L'ÉCHARPE

Montez 25-25-29-29 m. Matelot avec les aiguilles n° 4. Tricotez point mousse comme suit : 8 rangs Matelot, * 4 rangs Indigo, 6 rangs Matelot *, tricotez 27-27-31-31 fois de * à *, 4 rangs Indigo, 8 rangs Matelot. Rabattez au rang suivant.

Chez le même éditeur dans la collection des loisirs créatifs :